Rheinisch-Westfälische Akademie der Wissenschaften

Natur-, Ingenieur- und Wirtschaftswissenschaften   Vorträge · N 376

Herausgegeben von der
Rheinisch-Westfälischen Akademie der Wissenschaften

WILHELM STOFFEL

Essentielle makromolekulare Strukturen für die Funktion
der Myelinmembran des Zentralnervensystems

Westdeutscher Verlag

346. Sitzung am 13. Januar 1988 in Düsseldorf

CIP-Titelaufnahme der Deutschen Bibliothek

Stoffel, Wilhelm:
Essentielle makramolekulare Strukturen für die Funktion der Myelinmembran des Zentralnervensystems / Wilhelm Stoffel. – Opladen : Westdt. Verl., 1990
  (Vorträge / Rheinisch-Westfälische Akademie der Wissenschaften: Natur-, Ingenieur- und Wirtschaftswissenschaften; N 376)

NE: Rheinisch-Westfälische Akademie der Wissenschaften (Düsseldorf): Vorträge / Natur-, Ingenieur- und Wirtschaftswissenschaften

---

Der Westdeutsche Verlag ist ein Unternehmen der Verlagsgruppe Bertelsmann International.

© 1990 by Westdeutscher Verlag GmbH Opladen
Softcover reprint of the hardcover 1st edition 1990
Herstellung: Westdeutscher Verlag
Satz, Druck und buchbinderische Verarbeitung: Boss-Druck, Kleve
ISBN-13: 978-3-531-08376-6   e-ISBN-13: 978-3-322-85589-3
DOI: 10.1007/ 978-3-322-85589-3

Inhalt

Wilhelm Stoffel, Köln
Essentielle makromolekulare Strukturen für die Funktion der Myelinmembran des Zentralnervensystems

Einführung	7
Myelinisierung	8
Aufbau der Lipid-Doppelschicht der Myelinmembran	10
Myelinproteine des Zentralnervensystems	13
Basische Myelinproteine (MBP)	14
Proteolipidproteine	14
Membrantopographie des Proteolipidproteins	25
Glykoproteine des Myelins	27
Molekularbiologie der Myelinproteine	28
Erstellung von cDNA-Banken aus mRNA myelinisierter Rattengehirne und Isolierung MBP- und PLP-spezifischer cDNA-Klone	28
Genstruktur des menschlichen Proteolipidproteins und des basischen Myelinproteins	29
Exon-Intron-Struktur des Proteolipidproteins	29
Korrelation Exons-Proteindomänen	32
Alternatives Splicing der PLP-mRNA	32
Lokalisierung des Human-PLP-Gens auf dem X-Chromosom	32
Konservierung der PLP-Struktur in der Evolution	33
Organisation des menschlichen Basischen Myelin-Proteins	35
Tiermodelle zum Studium der normalen und der genetisch-pathobiochemisch veränderten Myelinmembran des Zentralnervensystems (Dysmyelinosen)	38
Geschlechtlich (X-chromosomal) vererbte Defekte	38
Autosomal-rezessiv vererbte Dysmyelinosen	40
Geschlechtsgebundene rezessive Dysmyelinosen des Menschen	41
Demyelinisierende Erkrankungen	42
Literatur	44

Einführung

Im Verlauf der Evolution, die zu einer ständig wachsenden Komplexität der Organismen führte, entwickelten sich eine Reihe von Mechanismen, die es ermöglichten, rasch auf Umwelteinflüsse zu reagieren und selbst zu agieren. Von diesen kommen dem zentralen und peripheren Nervensystem (ZNS bzw. PNS) die größte Bedeutung zu wegen der Möglichkeit, Informationen zwischen entfernten Nervenzellen (Neuronen) und Erfolgsorganen über Axone mit hoher Geschwindigkeit zu übertragen. Neben den Neuronen entwickelte sich die Neuroglia, ein Stützgewebe für die Neuronen, zu dem die Astroglia und die Oligodendroglia zählen. Ein entscheidender Sprung in der Evolution bestand in der Entwicklung eines elektrischen Isoliersystems der Nervenfasern in Form der Myelinscheide, die von den Oligodendrocyten gebildet wird. Die Geschwindigkeit der Erregungsleitung ist proportional dem Durchmesser des Axons im Falle der nackten Axone. In myelinisierten Axonen hingegen verläuft diese in Abhängigkeit von der Ausprägung der Myelinscheide mehr als 100mal schneller als in Abwesenheit des Myelins, d. h. der Querschnitt eines Axons kann für die gleiche Leistung erheblich reduziert werden. Neben der Erhöhung der Erregungsleitungsgeschwindigkeit ermöglicht die Myelinisierung die Unterbringung einer vielfachen Zahl von Axonen. Das wiederum macht die äußerst kompakte Struktur des Zentralnervensystems möglich. Wären die Axone der Bahnen des Rückenmarks z.B. nicht myelinisiert, so müßten letztere zu Erfüllung der gleichen Leistung einen Durchmesser einer mehrere hundert Jahre alten Eiche besitzen oder der Sehnerv, *Nervus opticus,* statt 2 bis 4 mm einen Durchmesser von 10 bis 15 cm aufweisen.

Die lipidreichen Umhüllungen der Axone des ZNS, die besonders in der weißen Substanz, den Marklagern, im Ausschnitt eines Gehirns deutlich werden (Tafel I), wurden von R. VIRCHOW 1854 (VIRCHOW, 1854) erstmals mit dem Namen Myelin (griech. *myelos,* Mark) bezeichnet. 1871 beobachtete RANVIER (RANVIER, 1878) im Lichtmikroskop Unterbrechungen der Myelinscheiden in 1–2 μm Abständen, die heute als Ranviersche Schnürringe bezeichnet werden. Hier liegen die Axone nackt vor, hier sind die K+/Na+-Pumpen konzentriert, die für die Wiederherstellung des Aktionspotentials verantwortlich sind. Die hohe Geschwindigkeit der Erregungsleitung erfolgt nicht wie in nackten Axonen durch kontinuierliche Depolarisation, sondern sprunghaft von einem Schnürring über die internodalen

Abstände zum anderen. Man bezeichnet dies als saltatorische Erregungsleitung (HUXLEY und STÄMPFLI, 1949). Die nur an den Schnürringen lokal erfolgende Depolarisation führt bei der Repolarisierung zu einer erheblichen Energieeinsparung.

Myelinisierung

Myelinartige Nervenscheiden traten erstmals im Evolutionsschritt auf, der zu den Vertebraten (Knochenfischen) führte (WAEHNELDT *et al.*, 1986). Durch die Ausbildung der Myelinscheiden um die Axone wurden die drei vorhin erwähnten Vorteile erlangt: rascher Informationsfluß, kompakte Organisation des Zentralnervensystems und Energieeinsparung zur Wiederherstellung und Aufrechterhaltung des Ruhepotentiales.

Der Prozeß der Myelinisierung (Myelogenese) verläuft zeitlich und räumlich im Zentralnervensystem streng programmiert ab. Dieses Programm wird in den sich aus den Vorläuferzellen vom O2A-Astrozyten-Typ differenzierenden Oligodendrozyten zu einem für jede Spezies charakteristischen Zeitpunkt gestartet, bei Maus und Ratte etwa am 10. Tag nach der Geburt und beim Menschen am Ende des 2. Trimenons. Die maximale Myelogenese der Ratte ist um den 30. Tag etwa abgelaufen, beim Menschen am Ende des zweiten bis vierten Lebensjahres (YAKOLEV und LECOURS, 1967). In dieser Phase synthetisiert der Oligodendrozyt täglich die zwei- bis dreifache Masse seines Eigengewichtes an Myelinbausteinen, Lipiden und Proteinen (NORTON und CRAMMER, 1984). Die Oligodendrozyten des Zentralnervensystems bilden dabei Ausstülpungen ihrer Plasmamembranen, Abb. 1A, die bis zu 50 verschiedene Axone ansteuern, diese spiralig umwickeln, wobei das Zytoplasma weitgehend aus den Fortsätzen abgepreßt wird. Die Innenseiten (zytoplasmatische Oberflächen der Fortsätze) lagern sich dicht aneinander und erscheinen im elektronenmikroskopischen Bild als *main dense line* (MDL) auf Grund ihrer hohen Elektronendichte. Auch die Außenflächen der Membranstülpungen (extrazytosolische Seiten) treten im Verlauf der spiraligen Umwicklung in engen Kontakt. Die Kontaktzone stellt sich als *intraperiod dense line* (IDL) dar. Abb. 1A veranschaulicht schematisch die Ausstülpung der Myelinmembranen aus der Plasmamembran des Oligodendrozyten, Abb. 1B den Spiralisierungsprozeß und Abb. 1C die Periodizitäten der Myelinmembran, abgeleitet aus dem elektronenmikroskopischen Bild eines myelinisierten Axons im Ausschnitt Tafel II. Die Myelinmembran weist eine Periodizität von 115 Å auf. Jede Lipiddoppelschicht ist etwa 45–50 Å dick und unterscheidet sich damit erheblich von der Dicke der Plasmamembran einer Leber- oder Bindegewebszelle (25–30 Å). In diesen Dimensionen schlagen sich die unterschiedlichen chemischen Strukturen der die Doppelschicht aufbauenden Lipide nieder, die im folgenden Abschnitt beschrieben werden.

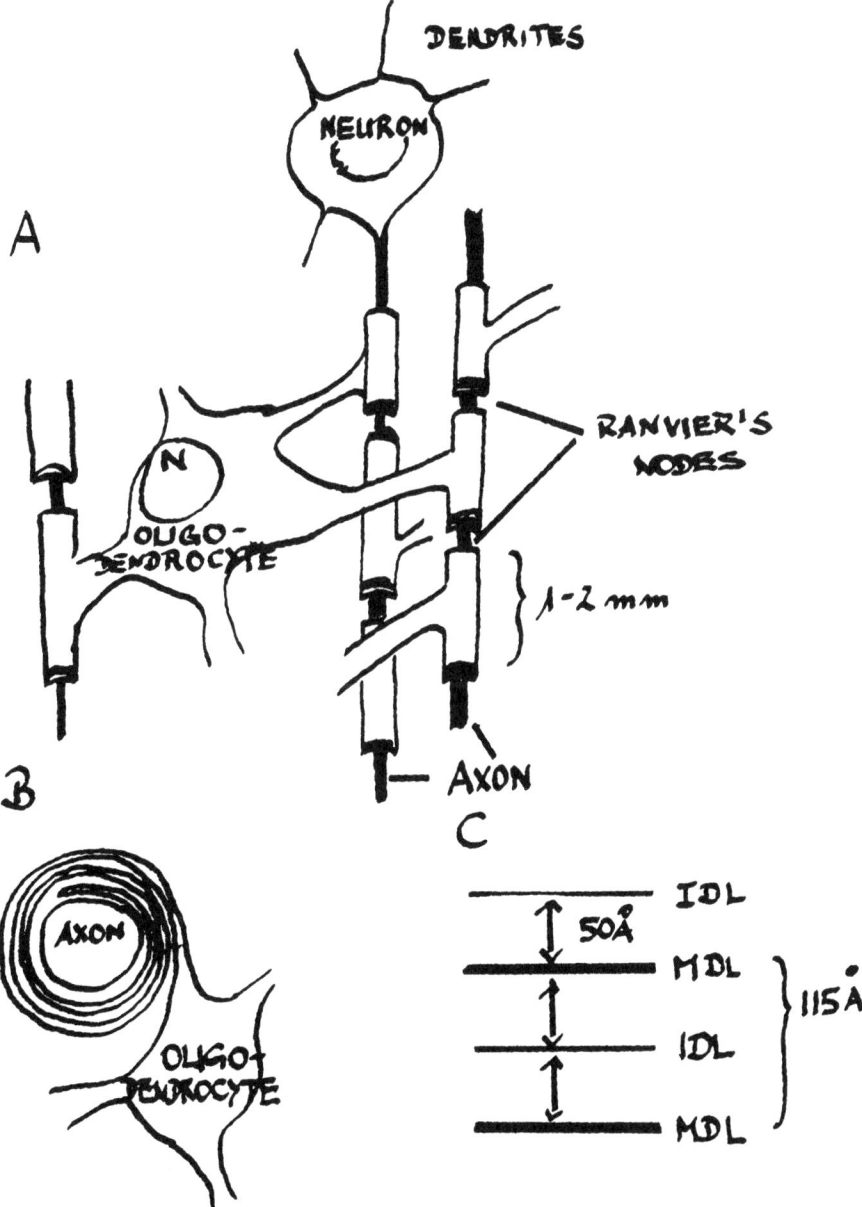

Abb. 1: Schematische Darstellung
A der von einem Oligodendrozyten zu vielen verschiedenen Axonen ausgehenden Plasmamembran-(Myelin-)Fortsätze mit Bildung von Ranvierschen Schnürringen;
B des Spiralisierungsprozesses bei der Myelinisierung;
C der im Elektronenmikroskop erkennbaren Periodizität des Myelins.

Die Funktion der Oligodendrozyten in der Myelogenese des Zentralnervensystems übernimmt im peripheren Nervensystem die Schwannsche Zelle. Obwohl das Myelin des peripheren Nervensystems dem des Zentralnervensystems in seiner morphologischen Architektur (Periodizität) sehr ähnlich ist, ist es jeweils eine Schwannsche Zelle, die nur eine internodale Hülle bildet.

Im folgenden wird die Biochemie und Molekularbiologie der makromolekularen Komponenten der Myelinmembran des Zentralnervensystems auf der Grundlage unseres heutigen Wissensstands behandelt. Es wird gezeigt,
1. welche chemischen Strukturen für die kompakte Schichtung der Myelinlamellen und damit für die Funktion der Isolierung des Axons verantwortlich sind,
2. wodurch die außergewöhnliche Periodizität der Myelinmembranstruktur bedingt ist,
3. wie wir uns den spiraligen Aufwicklungsprozeß des Oligodendrocyten-Plasmamembranfortsatzes um das Axon vorstellen können,
4. wie durch Mutationen verursachte geringste Veränderungen der Proteinstrukturen zum vollständigen Defekt und Tod führen,
5. welche Bedeutung die Kenntnis der Myelinstrukturen für das pathogenetische Verständnis der demyelinisierenden Erkrankungen hat.

Aufbau der Lipid-Doppelschicht der Myelinmembran

Einfache Zentrifugationsschritte führen zur Isolierung des Myelins in einheitlicher Form und machen es damit der Baustein-Analyse zugängig. Die Myelinmembran ist die lipidreichste Membran des tierischen Organismus. Etwa 80% seines Trockengewichts bestehen aus Cholesterin und komplexen Sphingo- und Phospholipiden und nur 20% aus Proteinen. Tabelle 1 faßt eine Komponentenanalyse des Myelins zusammen und erlaubt den Vergleich mit der der Plasmamembran des Oligodendrozyten. Die Lipiddoppelschicht weist eine sehr spezielle Zusammensetzung insofern auf, als sie mit 40 Mol-Prozent einen außergewöhnlich hohen Cholesteringehalt besitzt. So entfallen auf jedes Phospholipid (Sphingomyelin wird hier als Phospholipid wegen seiner mit den Phosphatidylcholinen identischen zwitterionischen polaren Kopfgruppe einbezogen) ein Molekül Cholesterin. Zu den Sphingolipiden, Cerebroside (Galaktosylceramid) und Sulfatide (3-Sulfatester der Cerebroside) steht es im molaren Verhältnis von 1:2.

Eine vollständige Extraktion der Myelinlipide aus dem Myelin gelingt nur mit saurem Chloroform-Methanol (z. B. Chloroform-Methanol-Essigsäure 2:1:0,1), da die sauren Phospholipide und Sulfatide eine starke nicht kovalente Bindung an die Myelinproteine eingehen. Strukturell und funktionell bestehen die amphiphilen komplexen Lipide aus den hydrophoben Gruppen der Alkanketten der Fettsäu-

Tabelle 1: Vergleich der Bausteine der Plasmamembran von Oligodendrozyten mit denen des isolierten Myelins

Komponente	Plasmamembran Oligodendrozyt	Myelin
Lipid	54	21
Cerebroside	42	79
	Molprozente	Molprozente
Cholesterin	36,4	40,9
Cerebroside	9,4	15,7
Sulfatide	3,0	4,0
Sphingomyelin	5,4	4,7
Phosphatidylcholin	25,4	10,9
Phosphatidylethanolamin	7,3	13,6
Phosphatidylinositole	7,1	4,7
Phosphatidylserin	5,1	5,1

ren, der Alkenylether und des Sphingosins, die die zentrale oder Core-Region der Lipiddoppelschicht aufbauen, und den polaren Kopfgruppen, die zur Oberfläche und damit dem wäßrigen Myelin zugekehrt sind (Abb. 2).

Die hydrophoben Anteile der Sphingolipide (Cerebroside und Sulfatide) setzen sich aus extrem langen Fettsäuren von C_{18} (Stearinsäure) bis C_{24} (Lignocerinsäure) als gesättigte α-D-Hydroxy- oder ω-9-Monoensäuren zusammen, die amidartig mit dem Sphingosin (Sphingenine, 2S-Amino-1,3R-dihydroxy-octadec-4t-en) zum Ceramid verknüpft sind. Der Alkankettenanteil von Fettsäuren und Sphingosinbasen ist daher im Ceramid von unterschiedlicher Länge. Die all-*trans*-Struktur der langkettigen Acylreste ($>C_{24}$) bedingt eine Länge von 36–40 Å. Dies erklärt die ungewöhnliche Dicke der Doppelschicht der hydrophoben Core-Region von 45–50 Å, wobei *sticky ends* der Alkanketten im fluiden Zentrum der Doppelschicht überlappen. An der Grenze zur hydrophilen Kopfgruppe befinden sich freie Hydroxygruppen des Sphingosins, der langkettigen α-Hydroxy-Fettsäuren, die zusammen mit der des Cholesterins und der Amidogruppe des Ceramids Wasserstoffbrückenbindungen mit den Carbonylgruppen der Phospho- und Sphingolipide bilden können. H-Brückenbindungen verkürzen den Abstand zwischen den bindenden Gruppen. Die Summe der freien für die H-Brückenbindung zur Verfügung stehenden Protonen erlaubt die Quervernetzung aller Carbonylgruppen der Lipiddoppelschicht und damit ihre Stabilisierung durch eine flächenhafte Wasserstoffbrücken-Sperrschicht (Abb. 2). Die Acylgruppen der Ceramide – Sphingomyelin enthält nur Spezies mit langkettigen C_{18}- und sehr langkettigen C_{24}-gesättigten Fettsäuren – würden bei 37 °C als kristalline Verbindung vor-

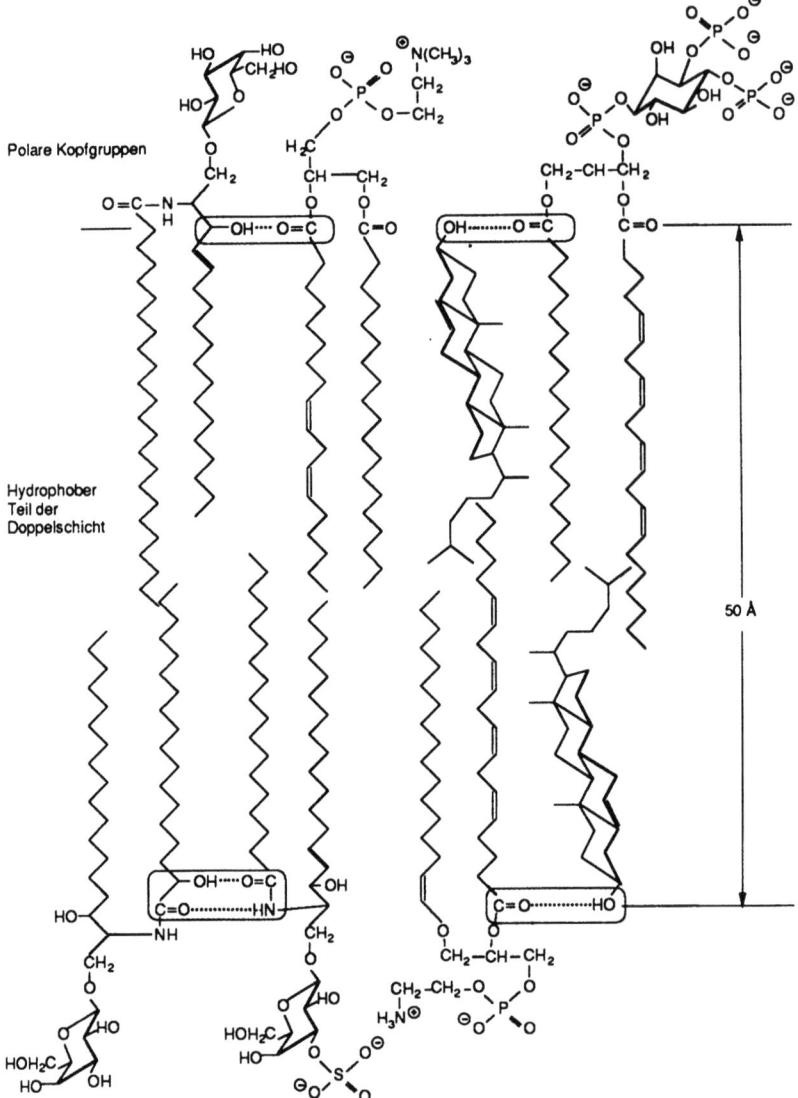

Abb. 2: Darstellung einer Modell-Lipiddoppelmembran des Myelins mit den charakteristischen Sphingolipiden Cerebrosid und Sulfatid und den sauren Phospholipiden. Die vier Typen der möglichen Wasserstoffbrückenbindungen sind hervorgehoben.

liegen, werden aber durch die Interkalation der Cholesterinmoleküle und die z. T. hochungesättigten Acylgruppen der Phospholipide in eine fluide Phase überführt. Erwähnenswert, wenn auch in ihrer Funktion unbekannt, ist die Gruppe der 1-Alkenylether in der Klasse der Phosphatidylethanolamine.

Betrachtet man die polaren Kopfgruppen der Myelinmembranlipide an der Wasser-Interphase, so treten neben den ubiquitären Membranphospholipiden Phosphatidylcholin und Phosphatidylethanolamin besonders reichhaltig die sauren Phospholipide Phosphatidylserin und Phosphatidylinositole auf. Zusammen mit den Sulfatiden führt dies dazu, daß durchschnittlich jede vierte polare Kopfgruppe der komplexen Phospho- und Sphingolipide eine saure, anionische Gruppe auf der Membranoberfläche ist. Die als Spurenlipide auch in der Myelinmembran vorkommenden Ganglioside sind dabei nicht berücksichtigt.

Wir wissen heute nur wenig über die Symmetrie bzw. Asymmetrie der Lipidanordnung in der Doppelschicht. Die Markierung der Oligodendrozytenplasmamembran und der Myelinmembran mit Anti-Galaktosylceramid- bzw. Anti-Sulfatid-Antikörpern weist jedoch ihre dichte Verteilung in der äußeren Schicht der Sandwich-Struktur der Membran nach.

Die Oberflächen der Myelinmembran-Doppelschicht besitzen auf Grund der zwitterionischen Kopfgruppen der Phospholipide, der hydrophilen, ungeladenen Galaktosereste der Cerebroside und vor allem der anionischen Gruppen mannigfache Möglichkeiten zur Wechselwirkung mit komplementären Molekülen auf der zytosolischen und extrazytoplasmatischen Seite der Membran, denen möglicherweise für die kompakte Packung und auch für den spiraligen Faltungsprozeß bei der Myelinisierung einige Bedeutung zukommen dürfte.

Völlig ungeklärt ist die Bedeutung des relativ hohen Gehalts an Phosphatidylinositolen im Myelin, vor allem im Hinblick auf deren Bedeutung als *second messenger system*.

Myelinproteine des Zentralnervensystems

Während die Lipide des Myelins des PNS und ZNS eine sehr ähnliche Zusammensetzung aufweisen, treten in der der Proteine erhebliche Unterschiede auf. Die NaDodSO$_4$-Polyacrylamid-Gelelektrophorese trennt das Proteingemisch des Myelins in ein einfaches Bild mit wenigen Hauptbanden auf (Tafel III). Diese sind einmal dem Proteolipid-Protein (PLP), auch Lipophilin genannt, und einem von ihm abgeleiteten Isoprotein, dem DM 20, sowie dem basischen Myelinprotein (MBP) und seinen Isoformen zuzuordnen. Die restlichen Banden verteilen sich auf Glykoproteine, die Wolfgram-Proteine und das „myelin-associated glycoprotein" (MAG). PLP und MBP repräsentieren etwa 90% des Gesamtproteins.

Basische Myelinproteine (MBP)

Basische Myelinproteine besitzen einen Anteil von 30–40% des Gesamtproteins des Myelins und können durch saure Extraktion des Myelins und anschließende Ionenaustauschchromatographie und Gelfiltration gewonnen werden (OSHIRO und EYLAR, 1970). Mensch und Rind enthalten als Hauptkomponente ein 18,5-kDa-MBP mit 169 Aminosäurenresten (EYLAR, 1971) bzw. 170 beim Rind und Menschen (davon 24% basische Aminosäuren; CARNEGIE, 1971). Beim Menschen treten zwei Isoformen von 17,2 kDA und 21,5 kDA auf (BARBARESE, 1977), bei Nagetieren vier Formen mit 14, 17, 18,5 und 21,5 kDa. Diese entstehen hier (BARBARESE, 1977; TAKAHASHI et al., 1985) wie beim Menschen (KAMHOLZ et al., 1986) durch alternatives Splicing des einen Primärtranskripts des MBP-Gens (TAKAHASHI et al., 1985), auf das bei der Beschreibung der Genstruktur des MBP eingegangen wird. MBP besitzt alle Eigenschaften eines peripheren Membranproteins. Seine Lokalisation im zytoplasmatischen Spalt (elektronenmikroskopisch als MDL erscheinend) gelang mit Hilfe von spezifischen Antikörpern (BRAUN, 1984) und durch enzymatischen Abbau der Myelinproteine (STOFFEL et al., 1984). Auf Grund seiner hohen Basizität tritt es in ionische Wechselwirkung mit den sauren polaren Kopfgruppen der Lipide auf der zytoplasmatischen Seite der Lipiddoppelschichten und bewirkt deren kompaktes Zusammenlagern.

MBP besitzt in wäßriger Lösung überwiegend „random coil"-Struktur, wie Circulardichroismus-Messungen ergaben (unveröffentlichte Ergebnisse). STONER (1984) hingegen postuliert eine Faltblatt-Strukturen enthaltende Sekundärstruktur. Diese Aussage beruht auf der Gewichtung der Sekundärstrukturparameter bei der computerunterstützten Berechnung.

Proteolipidproteine

Die Proteolipidproteinfraktion wurde 1951 erstmals von FOLCH und LEES aus einem Chloroform-Methanol-Extrakt der weißen Substanz des Gehirns gewonnen (FOLCH und LEES, 1951). Mit 50–55% des Trockengewichts stellt sie die größte Proteinfraktion des Myelins dar.

NaDodSO$_4$-PAGE trennt sie in zwei Banden im Molekulargewichtsbereich von 26 kDa (PLP) und 20 kDa (DM 20) auf. PLP und DM 20 sind Isoproteine, die auf Grund ihrer großen Hydrophobizität wasserunlöslich sind. Der wesentliche Grund dafür, daß die Aufklärung der Primärstruktur nach 30 Jahren in meinem Kölner Arbeitskreis gelang (1982–1983), beruhte auf der Entwicklung neuer Trennmethoden von hydrophoben Peptiden, die durch chemische Spaltung (Bromcyan an Methioninresten und Bromsuccinimid-Dimethylsulfoxid, DMSO,

Abb. 3: Aminosäuresequenz und Sequenzierungsstrategie des menschlichen Proteolipidproteins des Zentralnervensystems.

an Tryptophan-Resten der Polypeptidkette) und durch enzymatischen Abbau aus dem PLP freigesetzt wurden, woran sich der Edman-Abbau dieser gereinigten Peptide anschloß. Wir untersuchten das menschliche und das Rinder-Hirn. PLP ist ein Polypeptid mit 276 Aminosäureresten und einer Molekularmasse von 29 891 Da. Überraschend war der Befund, daß die Sequenzen des menschlichen und des Rinder-PLP sich nur in zwei Positionen unterschieden: Ala^{188} und Thr^{198} des Rinder- sind durch Phe^{188} bzw. Ser^{198} im Menschen-PLP ausgetauscht (Abb. 3). Die Sequenz ist streng gegliedert in eine kleine und vier lange hydrophobe Sequenzen, die durch hydrophile „Loops" verbunden sind. Ordnet man diese Domänen getrennt an (Abb. 4) und berechnet unter Annahme einer rechtsgängigen α-helikalen Sekundärstruktur der hydrophoben Sequenzen in einem hydrophoben Medium, so wird deutlich, daß, charakteristisch für ein integrales Membranprotein, drei Domänen sehr genau die Dimensionen besitzen, um die 50-Å-Doppelschicht zu durchspannen (*trans*-Helices), während zwei *cis*-Anordnung besitzen sollten, da die eine hydrophobe Aminosäurereste enthaltende Domäne zu lang, die zweite mit 12 zu kurz für die Durchspannung der Membran ist. Zudem weisen beide im Zentrum der Sequenzen Prolin-Reste auf, die α-Helix-Brecher sind und zu einem Knick und einer Umkehr der Laufrichtung der α-Helix führen.

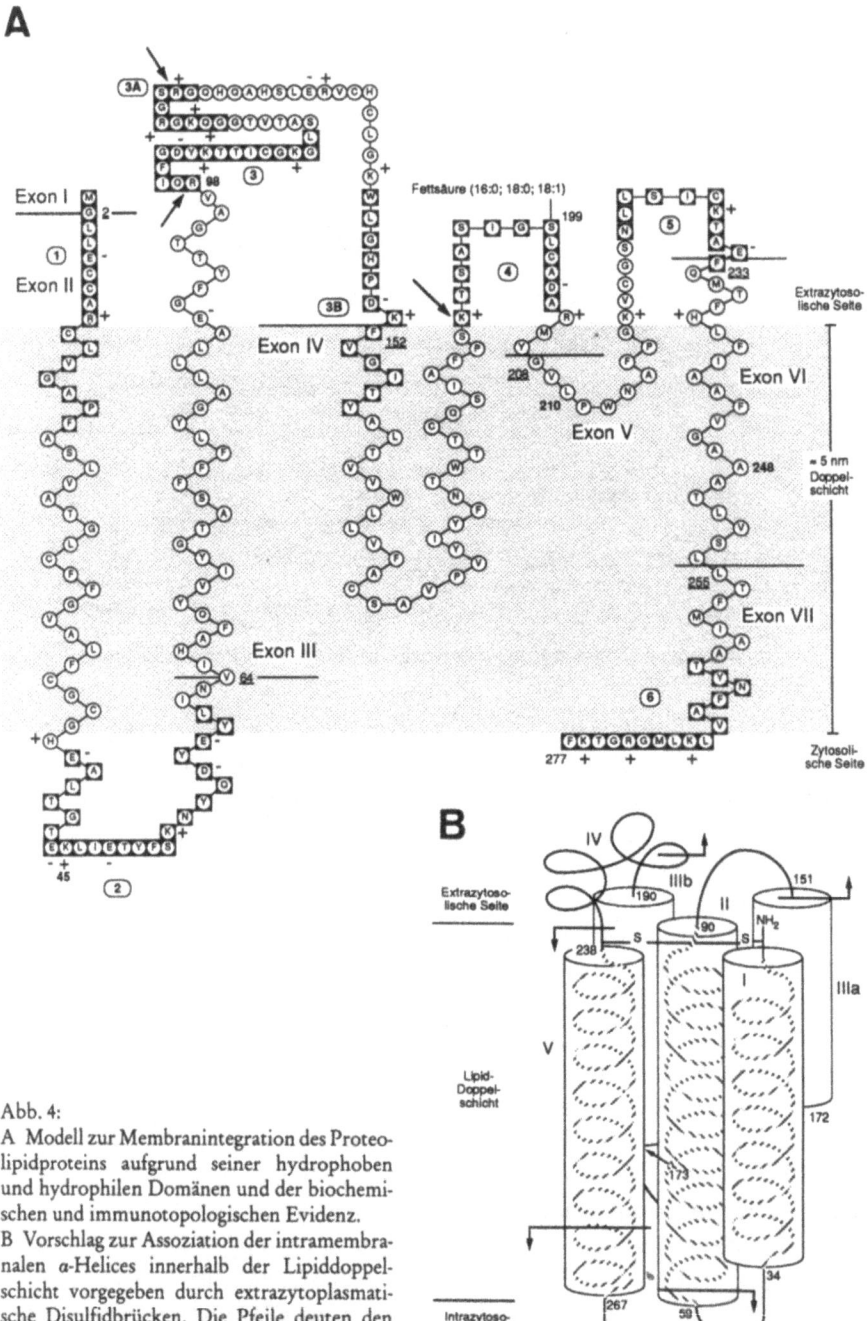

Abb. 4:
A Modell zur Membranintegration des Proteolipidproteins aufgrund seiner hydrophoben und hydrophilen Domänen und der biochemischen und immunotopologischen Evidenz.
B Vorschlag zur Assoziation der intramembranalen α-Helices innerhalb der Lipiddoppelschicht vorgegeben durch extrazytoplasmatische Disulfidbrücken. Die Pfeile deuten den Beginn eines neuen Exons an.

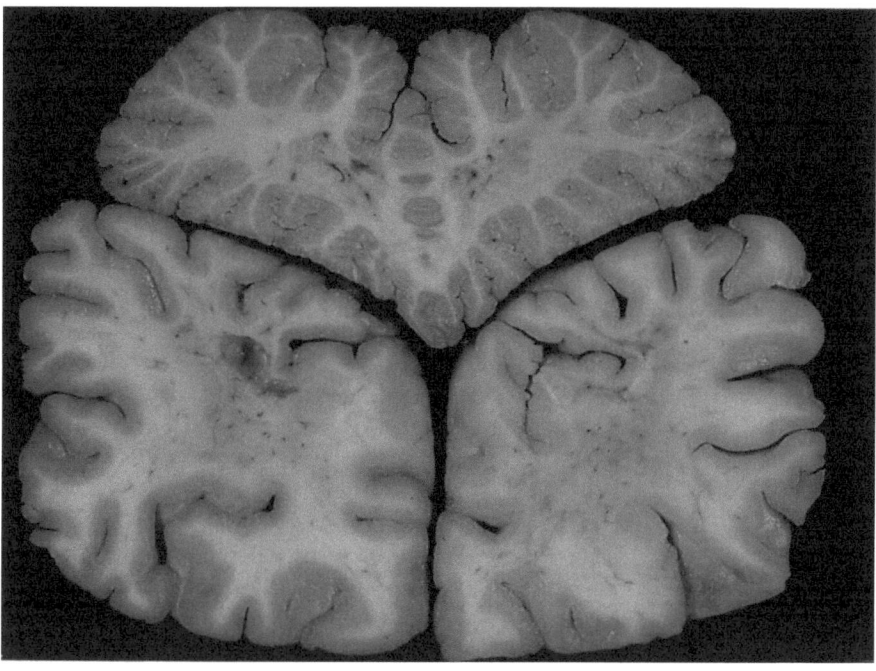

Tafel I: Makroskopischer Querschnitt eines menschlichen Gehirns. Der Cortex und die weiße Substanz sind in diesem Präparat deutlich zu erkennen.

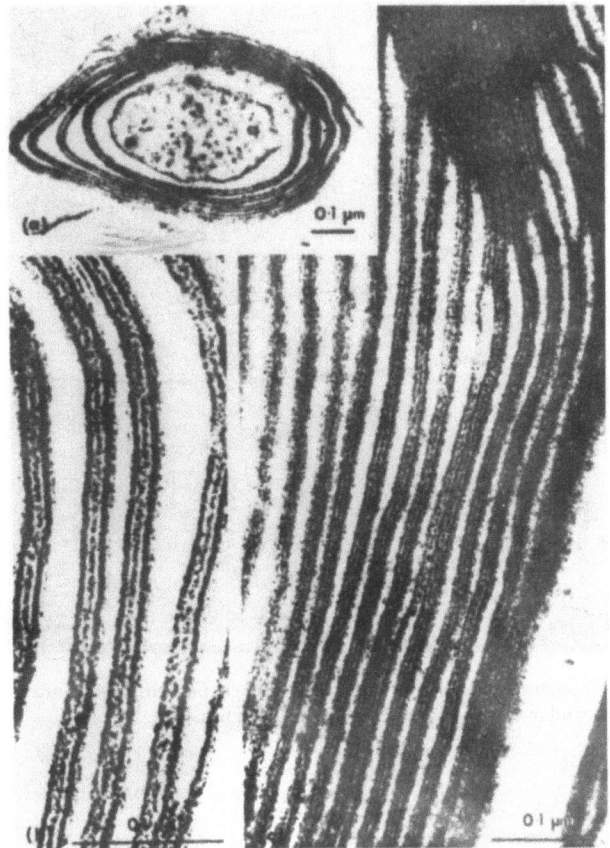

Tafel II: Elektronenmikroskopische Aufnahme des Querschnitts eines myelinisierten Axons. Die radialen Komponenten sind deutlich erkennbar.

Strukturen der Myelinmembran

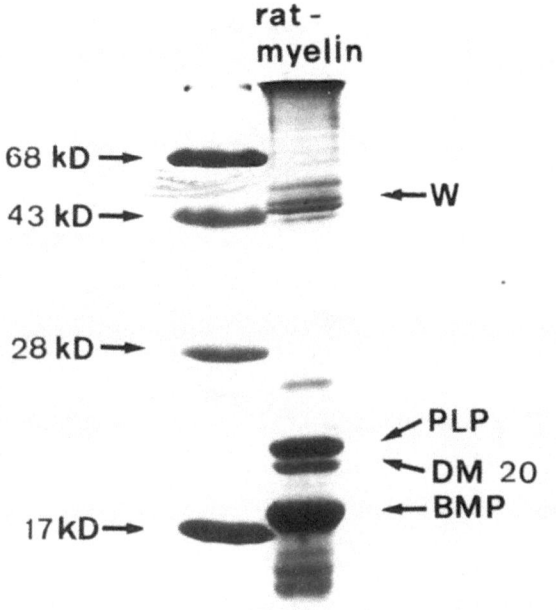

Tafel III: NaDodSO$_4$-Polyacrylamidgelelektrophorese der Myelinproteine.

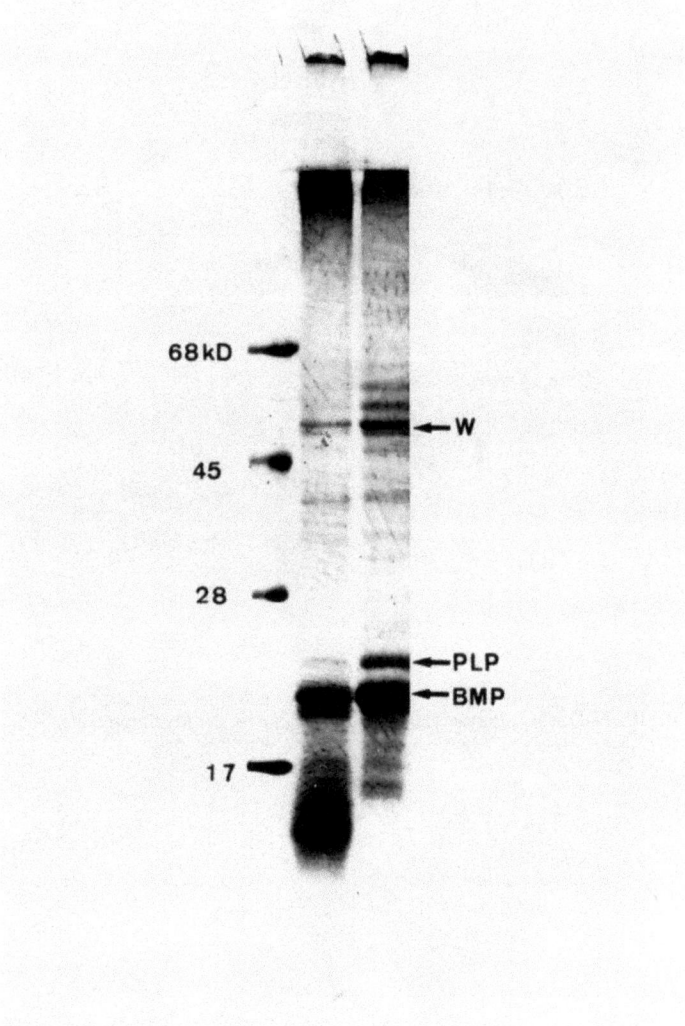

Tafel IV: Polyacrylamidgelelektrophoretische Analyse der Myelinproteine nach Trypsin-Behandlung der intakten Myelinmembran. Die PLP-Bande ist zugunsten kleinerer Proteolyse-Fragmente verschwunden. Die Spaltstellen sind in Abb. 4A durch Pfeile angedeutet.

Strukturen der Myelinmembran 21

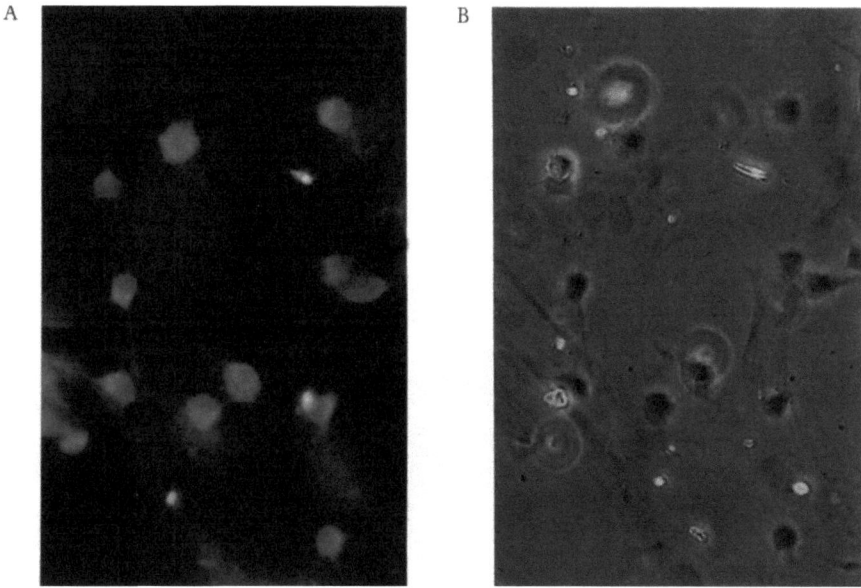

Immunzytochemische Lokalisation der PLP-Domänen mit Hilfe von Antipeptid-Antikörpern: A Fluoreszenz-, B Phasenkontrast.

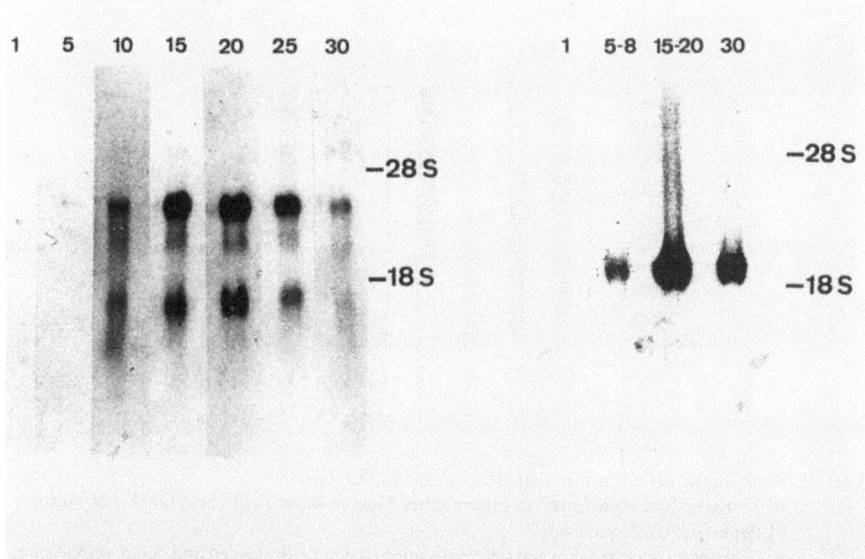

C Northern-Blot-Hybridisierung von PLP- und MBP-Transkripten während verschiedenen Stadien der Rattenhirn-Entwicklung. Poly(A)$^+$-RNA (jeweils 10 µg) wurde auf einem 1%igen Formaldehyd-haltigen Agarosegel getrennt, das anschließend auf eine Nitrozellulosemembran übertragen, prähybridisiert und mit einem nick-translatierten PLP- und MBP-cDNA-Klon getestet wurde.

Tafel V

A

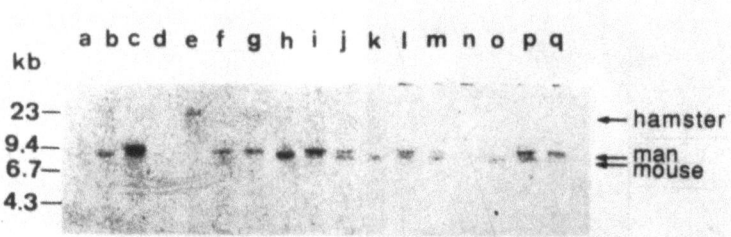

B

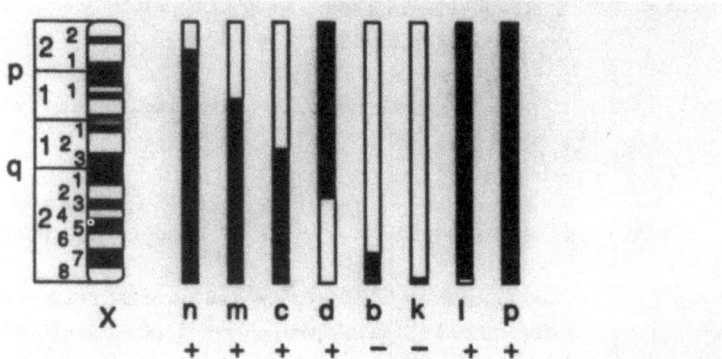

C

Tafel VI: Bestimmung der Chromosomenlokalisation des PLP-Gens.
A Southern-Blot-Hybridisation genomischer Mensch-Maus-Zellhybrid-DNA mit Human-PLP-spezifischen Sequenzen.
B Zuordnung der menschlichen Chromosomen zu den Zellhybriden und deren Verhalten in der Hybridisierung.
C Zuordnung des PLP-Gens zum Xq12-q22-Bereich.

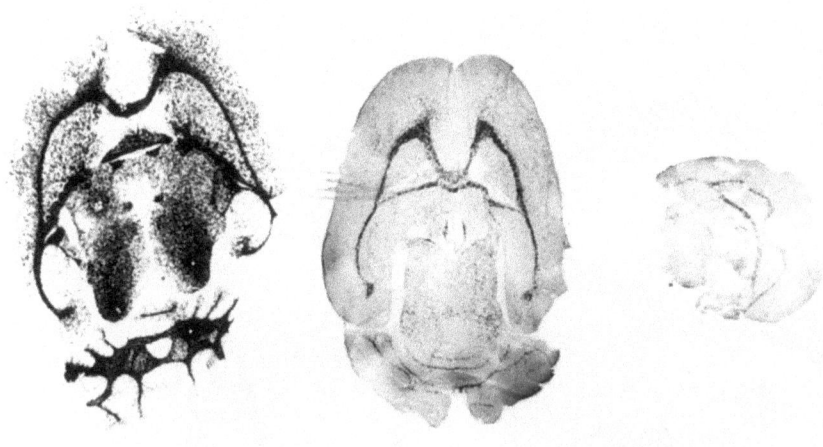

Tafel VII: *In situ*-Hybridisierung von Horizontal-Kryoschnitten der normalen und md-Ratte sowie der jimpy-Maus mit antisense-PLP- und -MBP-RNA.

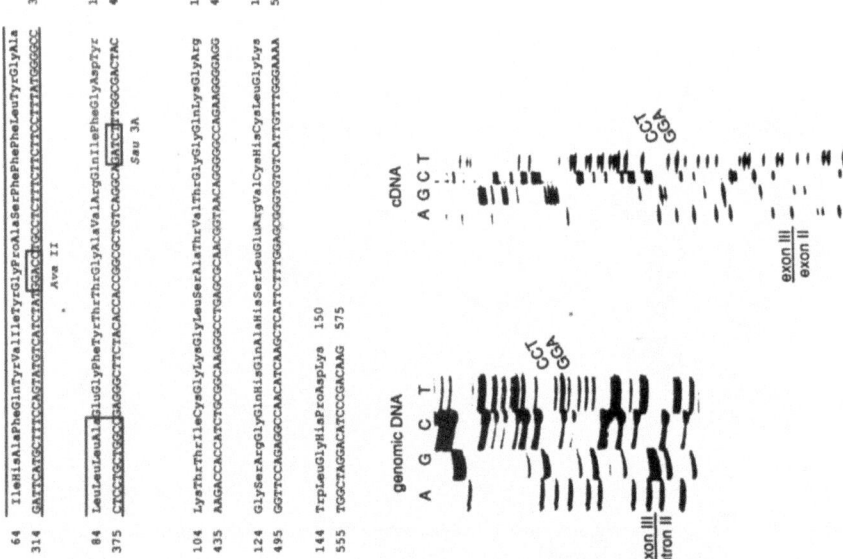
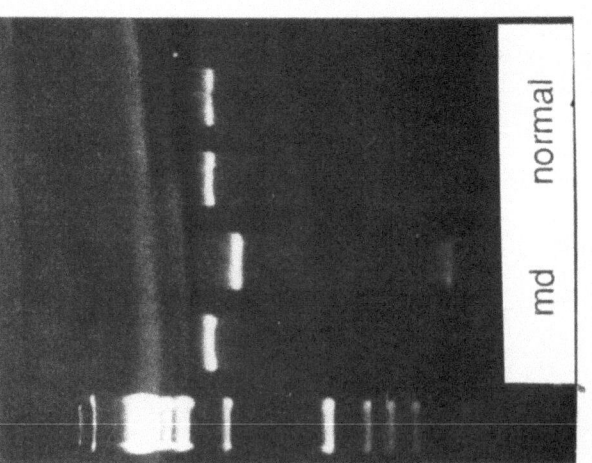

Tafel VIII: A PCR-Amplifikation und Restriktion mit Ava II von genomischer DNA der Wildtyp- und md-Ratte. Das 1180-bp-Fragment (Exon II-Intron II-Exon III) weist einen Ava II-Polymorphismus auf. Die 960-bp- und 220-bp-Fragmente fehlen nach Restriktion des PCR-Fragments der genomischen DNA der normalen Ratte.
1 und 3: unverdautes PCR-Fragment;
2 und 4: mit Ava II verdaute Fragmente.
B Nukleotidsequenz und abgeleitete Aminosäuresequenz von Exon III des PLP-Gens der md-Ratte (s. a. Abb. 6) sowie Sequenzgele der genomischen und cDNA der md-Ratte.

PLP enthält 14 Cysteinreste, vier von ihnen in den Positionen 6, 9, 200 und 219 liegen als freie Cysteine vor. Cys^{227} liegt in Disulfidbindung mit dem N-terminalen Cys^5 vor. Die Hydrophobizität des Polypeptids wird durch Acylierung mit einer langkettigen Fettsäure noch erhöht, deren Bindung an Thr^{198} im Rinder-PLP bestimmt werden konnte.

Membrantopographie des Proteolipidproteins

Die strenge Gliederung der PLP-Polypeptidkette in hydrophobe und hydrophile Domänen führte zu einer Modellvorstellung über deren Integration und Topographie in der Myelin-Lipiddoppelschicht, die in der Folge dann durch biochemische und immun-topochemische Analysen bestätigt wurde. Abb. 4 A veranschaulicht unsere derzeitige Vorstellung: auf der extrazytoplasmatischen Seite liegt eine kurze hydrophile N-terminale Sequenz, die sich in die erste transmembranale α-Helix fortsetzt, auf der zytosolischen Seite in eine hydrophile Domäne mit zwei überschüssigen negativen Ladungen übergeht und sich zurück in die zweite transmembranale Helix faltet. Die größte, stark positiv geladene hydrophile Sequenz (Arg^{97} bis Asp^{140}) befindet sich auf der extrazellulären Oberfläche. Die beiden *cis*-membranalen Domänen tauchen ebenfalls von dieser Seite in die Lipiddoppelschicht, während die C-terminale hydrophobe Domäne sie wieder durchspannt und so das C-terminale, stark positiv geladene Ende der Sequenz zum zytosolischen Spalt orientiert ist. Die hydrophoben Segmente werden durch anionische oder kationische Aminosäureseitenketten oder als Zwitterion angeordnete ionische Seitenketten begrenzt.

In unserem Modell sind 10 Cystein-Reste in den hydrophilen Domänen auf der extrazytoplasmatischen Oberfläche angeordnet, vier befinden sich in α-helikalen Domänen.

Auf Grund der Disulfidbrücke zwischen Cys^5 und Cys^{227} und möglichen weiteren Disulfidbrücken auf der extrazytoplasmatischen Oberfläche, aber auch zwischen den *trans*- und *cis*-membranalen Helices nehmen wir eine zylindrische Aggregation der hydrophoben Helices an, wie sie in Abb. 4B schematisch dargestellt ist. Durch begrenzte Proteolyse der Myelinmembran beobachteten wir, daß die kleine hydrophile Domäne zwischen Arg^{204} und Lys^{217} leicht freigesetzt wird und von der Lipiddoppelschicht dissoziiert. Es ist durchaus möglich, daß sie eine Flip-Flop-Bewegung zu einer aufgelagerten Myelinmembran durchführt und somit ähnlich wie die langkettige Acylgruppe durch Interkalation in die Lipiddoppelschicht zur Fixierung und engen Apposition der benachbarten Membran beiträgt. Diese beiden Strukturelemente könnten auch für die Dynamik des Spiralisierungsprozesses von Bedeutung sein.

Diese Modellvorstellung wurde auf zwei Weisen experimentell untermauert:

a) Durch Trypsin-Verdauung der durch osmotischen Schock dissoziierten Myelinmembranschichten und anschließende Auftrennung von drei höher molekularen Polypeptiden und deren Sequenzierung konnten wir feststellen, daß die Endoprotease an den durch Pfeilen in Abb. 4 A gekennzeichneten Positionen des PLP angegriffen hatte, d. h. diese dem Enzym, das die Lipiddoppelschicht nicht durchdringen kann, an der äußeren Oberfläche zugängig waren. In Tafel IV ist das NaDodSO$_4$-Polyacrylamidgel nach proteolytischer Behandlung des Myelins wiedergegeben. Die PLP-Bande ist zugunsten niedrig molekularer Polypeptide zwischen 7 und 10 kDa verschwunden. Hingegen bleibt das MBP völlig geschützt vor der Proteolyse, was nur durch seine Lokalisation im zytosolischen Spalt, abgeschirmt durch die Lipiddoppelschichten, erklärbar ist. Dieses Experiment liefert einen biochemischen Beweis für die Topologie des MBP im Myelin zusätzlich zu den vorliegenden immunhistochemischen Anhaltspunkten.

b) Ausgehend von der Möglichkeit, Antikörper gegen synthetische Peptidsequenzen aus den verschiedenen Domänen der PLP-Sequenz, die in Abb. 4 A als schwarze Kästchen hervorgehoben sind, zu gewinnen und als Marker auf die nicht permeabilisierte Membran einwirken zu lassen, sollte die Seitenorientierung des PLP immuncytochemisch bestimmbar sein. Wir verwendeten hierzu Primärkulturen von Rattenhirn-Oligodendrozyten, die sich 18 Tage nach der Geburt in Primärkulturen befanden. In diesen läuft die Expression der Proteine des Myelins ähnlich wie bei der myelinisierenden Ratte ab. Das PLP sollte in der Plasmamembran seine endgültige Orientierung besitzen, bis es dann in den Wachstumskonus des Oligodendrozyten und weiter in den Myelinfortsatz segregiert.

Tafel V A zeigt links, daß nur Antikörper gegen Peptide aus dem hydrophilen Loop Arg^{97}-Asp^{149} eine Immunfluoreszenzmarkierung der Oligodendrozyten-Plasmamembranen ergaben. Das gleiche Ergebnis wurde mit goldmarkierten Antikörpern gegen dieses Peptid erzielt. Somit stehen beide experimentellen Befunde im Einklang mit dem vorgeschlagenen Modell zur Topographie des PLP in der Myelinmembran.

Erweiterte Sekundärstrukturbestimmungen nach den „predictive rules" von CHOU und FASSMAN, NAGANO u. a. ergaben überraschenderweise, daß die hydrophilen Domänen alle bis auf das erste Drittel der großen Domäne (Arg^{97}-Lys^{120}) als amphipathische Helices gefaltet sind. In Abb. 5 sind diese zusätzlichen Sekundärstrukturen schematisch eingebracht. Dieser Befund könnte von großer Bedeutung für die Packung der Myelinmembranschichten sein.

Als weitere Proteinkomponenten, die in sehr geringer Konzentration vorliegen, sind die Wolfgram-Proteine und das „myelin-associated glycoprotein" (MAG) (Tafel III) zu erwähnen.

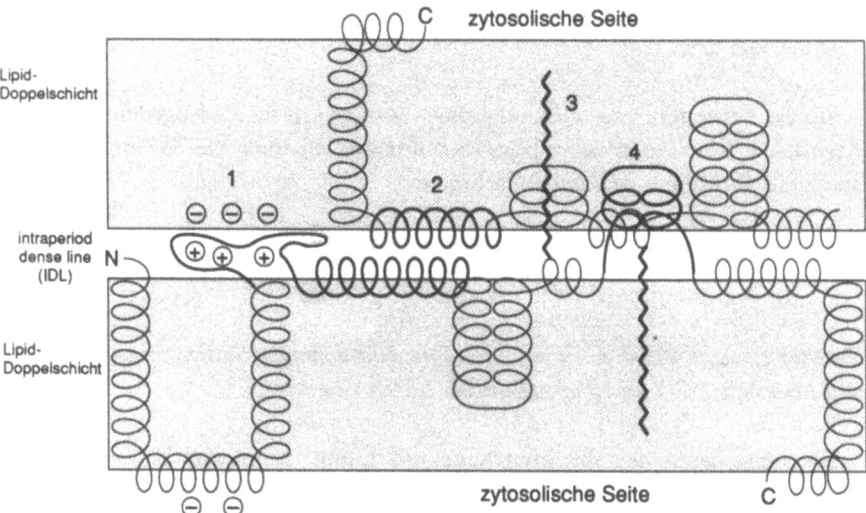

Abb. 5: Beitrag der Wechselwirkung
1 von geladenen Sequenzen;
2 der amphipatischen Helices der extrazytoplasmatischen hydrophilen Domänen;
3 der Fettsäureketten;
4 des hydrophoben Flip-Flop-Loops des PLP
zur Spiralisierung und kompakten Packung der Myelinlagen.

Glykoproteine des Myelins

1966 isolierte WOLFGRAM (WOLFGRAM, 1966) aus dem sauren Chloroform-Methanol-Extrakt bei pH 5 eine aus drei Banden in der NaDodSO$_4$-PAGE bestehende Proteinfraktion mit molekularen Massen von 45 bis 55 kDa. Von diesen ist die 55-kDa-Komponente α-Tubulin, das mit spezifischen Anti-α-Tubulin-Antikörpern im Western Blot reagiert (unveröffentlichte Ergebnisse), während die 45- und 50-kDa-Banden dem Enzym 2′,3′-cyclische Nukleotid-3′-phosphodiesterase zuzuordnen sind, Tafel III.

Myelin-assoziiertes Glykoprotein (MAG) ist ein Glykoprotein mit einer Molekularmasse von etwa 100 kDa und liegt als Spurenprotein vor (1% des Gesamt-Myelinproteins). Seine Aminosäuresequenz wurde über die cDNA jüngst aufgeklärt: 626 Aminosäuren mit 69,3 kDa bilden die Sequenz, die in vielen Bereichen homolog zum neuralen Zelladhäsionsmolekül (N-CAM) ist (ARQUINI et al., 1987). Die Lokalisation in der periaxonalen Region des Myelins der erwachsenen Ratte weist auf eine mögliche Wechselwirkung von Neuron und Oligodendrozyt in der Myelogenese hin.

Für das Verständnis der zellbiologischen Vorgänge in der Myelogenese und ihrer Regulation erweiterten wir unsere Strukturstudien über die Myelinmembran durch die Techniken der Molekularbiologie.

Molekularbiologie der Myelinproteine

Erstellung von cDNA-Banken aus mRNA myelinisierender Rattengehirne und Isolierung MBP- und PLP-spezifischer cDNA-Klone

Die Syntheserate der Myelinproteine und -Lipide ist um den 18. Tag nach der Geburt am größten (NORTON und PODUSLO, 1973). Wir isolierten Hirn-RNA von 18 Tage alten Ratten und reicherten die poly(A)$^+$-RNA durch Affinitätschromatographie an Oligo(dT)-Zellulose an (NORGARD et al., 1980). Die Synthese der cDNA führten wir nach einer modifizierten Gubler-Hoffman-Methode (GUBLER und HOFFMAN, 1983) durch. Größenfraktionierung durch 10%ige Agarose-Gelelektrophorese ergab doppelsträngige cDNA von 550 bis >6000 bp, die in die *Pst* I Schnittstelle des Vektors pBR322 kloniert wurde. Aus dieser Bank wurden PLP- und MBP-spezifische Klone durch Southern Blot-Hybridisierung im Kolonien-Screening mit markierten Oligonukleotiden isoliert, die von unserer PLP-Aminosäuresequenz im N- und C-terminalen sowie zentralen Bereich abgeleitet waren. Von diesen enthielt der MBP-spezifische cDNA-Klon von 612 bp die gesamte kodierende Region des 14,5-kDa-MBP-Isoproteins, dem längsten PLP-spezifischen von 2585 bp fehlten etwa 310 bp der die N-terminale Region kodierenden Seqenz (SCHAICH et al., 1986).

Mit Hilfe dieser cDNA-Klone wurde die Größe der mRNA des PLP und MBP in der Northern Blot-Hybridisierungsanalyse bestimmt (Tafel V C). Zwei stärkere Banden von 3,2 kb- und 1,6 kb-mRNA wurden als PLP-spezifische RNA im 18 Tage alten Rattenhirn im Verhältnis 2:1 nachgewiesen und dazu eine schwache Bande bei 2,4 kb. Die mRNAs unterscheiden sich nicht im kodierenden Bereich, sondern enthalten drei unterschiedlich lange 3'-nichttranslatierte Sequenzen, die längere 3,2-kb-mRNA 2062 Basen, die 2,4-kb-mRNA 1319 bp und die 1,6-kb-mRNA 430 bp hinter dem Stopcodon. Es sind drei Polyadenylierungssignale AATAAA vorhanden, die unterschiedlich genutzt werden. Auch die zweite für die effiziente Polyadenylierung erforderliche Sequenz, TGTGTCTT, etwa 30 bp hinter dem Polyadenylierungssignal, ist vorhanden (MCLAUCHLAN et al., 1985). Beim Menschen werden nur die 3,2- und 1,6-kb-Transkripte gebildet.

Genstruktur des menschlichen Proteolipidproteins und des basischen Myelinproteins

Die PLP- und MBP-cDNA-Klone ermöglichen uns, die Organisation der beiden menschlichen Gene sowie deren Chromosomenlokalisation zu untersuchen. Hierzu wurden zum Screening von humanen genomischen Banken (EMBL-3 und Charon 8) cDNA-Proben und Oligonukleotide eingesetzt, die die 3'- und 5'-nichtkodierenden Enden sowie die kodierende Region in den Exons des PLP und MBP erfassen.

Die Analyse eines Gens und allgemein großer DNA-Abschnitte wird durch die Anfertigung einer Restriktionskarte unter Verwendung von Typ-II-Endonukleasen, die spezifische (Hexa-)Nukleotidsequenzen als Restriktionsschnittstellen erkennen, eingeleitet.

Mit den aus der cDNA (Restriktionsfragmente) gewonnenen Hybridisierungsproben oder auch mit synthetischen Oligonukleotiden konnte die Lage der kodierenden Sequenzen (Exons) bzw. der dazwischenliegenden Abschnitte (Introns) bestimmt werden. Darüber hinaus gibt die Karte Auskunft über die Größe des gesuchten Gens, wenn das 5'- und 3'-Ende der mRNA durch entsprechende Proben erfaßt werden.

Exon-Intron-Struktur des Proteolipidproteins

Es wurden zwei Klone mit überlappenden DNA-Sequenzen gefunden, die das gesamte humane PLP-Gen enthielten. Vollständige Restriktionen jeweils mit einzelnen und in Kombination von zwei Enzymen ergaben charakteristische Fragmente, die durch logisches Zusammenfügen die gesuchte Restriktionskartierung der beiden genomischen λ-Phagen-EMBL3-Klone ergaben und ferner auf eine 2,5-kb-Überlappung der beiden Klone hinwiesen. Abb. 6A gibt die Restriktionskarte und die Fragmente wieder, die durch Restriktionsanalyse und Southern Blot-Hybridisierungsanalyse mit [^{32}P]-nick-translatierten *Pst* I-Fragmenten aus dem PLP-Klon und 5'-markierten Oligonukleotiden erstellt wurde.

Abb. 6: A Restriktionskarte und Exon-Intron-Organisation des menschlichen PLP-Gens. Die Exons sind durch Rechtecke gekennzeichnet. Ausgefüllte Rechtecke stehen für kodierende Bereiche, offene für 5'- und 3'-nichttranslatierte Sequenzen.

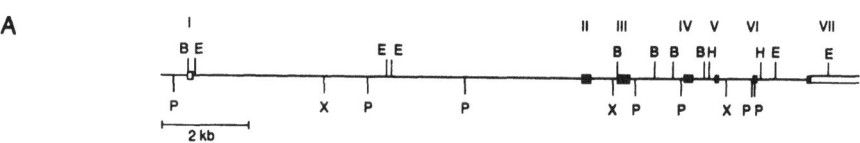

B

I	AAGAAATGA	AACAATTGGC	AGTGAAAGCC	AGAAAGAGAA	GATGGAGCCC	TTAGAGAAGG	GAGTAGGTCCT	GAGTAGGTGG		-205
	AGCAGGCCTG	TCCCTTTAAG	GGGTTGGCT	GTCAATCAGA	AAGCCCTTTT	CATTGCAGGA	GAAGAGGACA	AAGATACTCA	AAAAAGACC GAAGAAGGAG GCTGGAGAGA	-85
								Met G(ly)		1
	CCAGATCCT	TCCAGCTGAA	CAAAGTGAG	CACAAACAG	ACTAGCCAGC	CGGCTACAAT	TGGACTGAGA	GTCCCAAAGA	C ATG G gtaagttcaaaacttag...	+1

II
(G)ly Leu Leu Glu Cys Ala Arg Cys Leu Val Gly Val Ala Pro Phe Ala Ser Leu Ala Thr Gly Leu Cys Phe Phe Gly Val Ala 29
...ttcccctctctcccag GC TTA GAG TGC AGA TGT CTG GTA GGG GCC CCC TTT GCT TCC CTG GCC ACT GGA TTG TGT TTT GGG GTG GCA +87

Leu Phe Cys Gly Cys Gly His Ala Leu Thr Gly His Glu Leu Thr Phe Pro Lys Asn Tyr Gln Glu Tyr Leu Ile Asn Va(l)   63
CTG TTC TGT GGC TGT GGA CAT GCA CTC ACT GGC CAT GAA GCC CTC ACA GAA AAG CTA ATT GAG AAC TAC CAA AAG TAT CTC ATC AAT GT gtaa +188

gtacctgccctcccac...

III
(Val) Ile His Ala Phe Gln Tyr Val Ile Tyr Ala Ser Phe Phe Leu Tyr Ala Leu Leu Ala Glu Gly Phe Tyr   91
...ttgtctacctgttaatgcag G ATC CAT GCC TTC CAG TAT GTC ATC TAT GCA AGT TTC TTC CTT TAT GCC CTC CTG GCT GAG GGC TTC TAC +273

md
75
Pro
C
AwaII

Thr Thr Gly Ala Val Arg Gln Ile Phe Gly Asp Tyr Lys Thr Ile Cys Gly Lys Gly Leu Ser Ala Thr Val Thr Gly Gln Lys Gly Arg Gly Ser Arg   126
ACC ACC GGG GCA GTC AGG CAG ATC TTT GGC GAC TAC AAG ACC ATC TGC GGC AAG GGC CTC AGC GCA ACG GTA ACA GGG CAG AAG GGG AGG GGT TCC AGA   +378

DM-20

Gly Gln His Gln Ala His Ser Leu Glu Arg Val Cys His Cys Leu Gly Lys Trp Leu Gly His Pro Asp Lys   150
GGC CAA CAT CAA GCT CAT TCT TTG GAG CGG GTG TGT CAT TGT CTA GGA CAT CCC GAC AAG gtgatcatcctcaggattt...   +450

IV
Phe Val Gly Ile Thr Tyr Ala Leu Thr Val Val Trp Leu Leu Val Phe Ala Cys Ser Ala Val Pro Val Tyr Ile Tyr Phe Asn Thr   179
...acccgtgtcaatcatttag TTT GTG GGC ATC ACC TAT GCC CTG ACC GTT GTG TGG CTC CTG GTG TTT GCC TGC TCT GCT GTA CCT GTG TAC ATT TAC TTC AAC ACC   +537

Trp Thr Cys Gln Asn Ala Phe Pro Ser Lys Val Cys Ala Asp Ala Arg Met Tyr G(ly)   207
TGG ACC TGC CAG AAT GCC TTC CCC AGC AAG GTC TGT GCT GAT GCC AGA ATG TAT G gtgagtgaggtacgggtgc...   +619

V
(G)ly Val Leu Pro Asn Ala Phe Pro Gly Val Cys Gly Ser Asn Leu Ser Ile Cys Lys Thr Ala Glu   231
...gcttttgtgtcttacttag GT GTT CTC CCA AAT GCT TTC CCT GGC AGG GTT TGT GGC AGT AAC CTT CTG TCC AAA ACA GCT GAG gt gagtgggtatt   +693
gggtt... ji/g

VI
Phe Gln Met Thr Phe His Leu Phe Ile Ala Ala Phe Val Gly Ala Ala Ala Thr Leu Val Ser Leu   253
Gly Pro Asn Asp Leu Pro Gly Val Tyr Cys Gly Ile Gly Gly Cys Ser Tyr Thr Gly Phe Pro
...ctcttttcattttcctgcag TTC CAA ATG ACC TTC CAC CTG TTC ATT GCT GCA TTT GTG GGG GCT GCA GCT ACA CTG GTT TCC CTG gtgagttgacttgaatgat...   +759

VII
Leu Thr Phe Met Ile Ala Ala Thr Tyr Asn Phe Ala Val Leu Lys Leu Met Gly Arg Gly Thr Lys Phe Stop   276
Ser His Leu Leu Gln Leu Cys Arg Pro Stop

Abb. 6: B Nukleotidsequenz der PLP-Exons und der angrenzenden Intronbereiche. Das DM-20-Isoprotein und die beiden Mutationsstellen von jimpy-Maus und md-Ratte sind eingetragen.

Ein erheblicher Vorteil bestand zu dieser Zeit darin, daß die Doppelstrang- oder Supercoil-Sequenzierung (CHEN und SEEBURG, 1985; HEINRICHS, 1986) verfügbar wurde und ferner mit Hilfe von synthetischen Primern nach erhaltenen genomischen Sequenzen die zeitraubende Sequenzierung abgekürzt werden konnte.

Die Nukleotidsequenzen der kodierenden Regionen und die abgeleitete Aminosäure-Sequenz stimmten vom Glycin in Position 2 des PLP an überein. Vom Glycin lagen jedoch nur zwei der drei Nukleotide vor.

Die Ratten-cDNA-Sequenz weist am N-Terminus nur Met in Ergänzung zum reifen PLP auf (DAUTIGNY et al., 1985; MILNER et al., 1985). Daraus folgte, daß für die Ein-Aminosäure-Prosequenz des PLP-Primärtranskripts ein weiteres Exon existieren mußte – mit dem Met-Codon ATG und der ersten Base des Tripletts für Glycin. Stromabwärts sollte GT als Signal der 5'-Donor-Spleißsequenz des anschließenden Introns folgen.

Auf Grund der ungewöhnlich hohen Homologie der PLP-Nukleotidsequenzen von Mensch und Ratte wurden ein 24er-Oligonukleotid mit 18 Basen der Ratten-cDNA und der Basensequenz ATGGGT synthetisiert und als Hybridisierungsprobe verwendet. Mit dieser wurde das fehlende Exon I auf einem *Pst* I-*Eco* RI-Fragment 8,8 kb stromaufwärts von Exon II isoliert.

Die Sequenzierungsergebnisse zusammen mit der Restriktionskarte lassen sich zu folgendem Bild zusammenfassen: Das PLP-Gen des Menschen erstreckt sich über 17 kb, besteht aus sieben Exons und sechs Introns (Abb. 6 B). Exon I umfaßt den 5'-nichttranslatierten Bereich, die Prosequenz Met und die erste Base des Glycin-Tripletts, dem N-Terminus des reifen Proteins. Aus der dem Startcodon folgenden Basenfolge ist erkennbar, daß das Human-PLP keine Signalsequenz besitzt. Somit liegt eine interne Signalsequenz für den Primärschritt der Integration in die Membran des rauhen endoplasmatischen Retikulums vor. In Abb. 6B liegen folgende regulatorischen Sequenzen im 5'-Bereich vor: CAAT-Box bei −174 bis −170 (Met = +1), Hognessbox bei −115 und der Transkriptionsstart bei −80. Die Exons II–VII umfassen die Aminosäuren 1–63, 64–105, 151–206, 207–231, 232–253 sowie 254–276. Die Codons für die Aminosäuren 1, 63 und 207 enthalten Exon-Intron-Übergänge, sind also auf zwei Exons verteilt, wodurch die Möglichkeit des alternativen Splicings sehr eingeschränkt wird. Bei einer Länge von 17 kb für das gesamte Gen und etwa 3 kb für die zu erwartende mRNA ergibt sich ein Intron-/Exon-Längenverhältnis von 4,7:1. Da nur 0,85 kb kodierende Sequenzen enthalten, beträgt das Verhältnis 19:1. – Auch im PLP-Gen sind die von BRETHNACH und CHAMBON beschriebenen Exon-Intron-Übergangssequenzen GT-AG streng konserviert erhalten.

Korrelation Exons-Proteindomänen

Das interessanteste Ergebnis resultiert aus der Lage der von den Exons II–VII kodierten Bereiche der Aminosäuresequenz des PLP auch in bezug auf unser vorgeschlagenes Modell der Integration in die Lipiddoppelschicht. Jede *cis*- und *trans*-membranale Domäne und der anschließende hydrophile Teilbereich sind in einem Exon kodiert. Die C-terminale Domäne macht eine Ausnahme, sie ist von zwei Exons (VI und VII) kodiert. Diese Gliederung ist in der Abb. 4 A durch Pfeile angedeutet.

In der Evolution erfolgte bei einer Vielzahl von Proteinen eine Rekombination funktioneller Einheiten von Proteinen in Form von Exons („exon shuffling") zu einem neuen Protein mit spezieller Funktion (GILBERT, 1985). Als Beispiel sei das LDL (low density lipoprotein)-Rezeptorgen angeführt (SÜDHOF *et al.*, 1985). Bisher ist noch keine mit dem PLP stark homologe Polypeptidsequenz gefunden worden.

Alternatives Splicing der PLP-mRNA

Das Phänomen des alternativen Splicings trifft man im Oligodendrozyten sehr ausgeprägt an. Dies gilt auch für das PLP-Primärtranskript. Die DM-20-Isoform des PLP ist um rund 4,5 kDa kleiner als das PLP. RNA-Schutzexperimente (MORELLO *et al.*, 1986; HUDSON, 1987) und der Nachweis spezifischer DM-20-mRNA im Mäusegehirn sowie die Sequenzierungsdaten der DM-20-mRNA weisen auf das Fehlen von 105 bp hin, die 35 Aminosäuren entsprechen. Das 212 bp lange Exon III enthält eine kryptische Splice-Donorsequenz (GGTAAC) (Abb. 6 B). Ihre Aktivierung führt zur Deletion des 3'-Endes von Exon III und damit der Aminosäuren 115–150. Über die Regulation der Aktivierung dieser Splice-Stelle ist noch nichts bekannt.

Lokalisierung des Human-PLP-Gens auf dem X-Chromosom

Die Zuordnung menschlicher Gene zu eukaryotischen Chromosomen wurde durch Fusion von menschlichen und Nager-Zellen (Maus, Hamster) zu somatischen Zellhybriden möglich, die im vollständigen Chromosomensatz des Nagers zusätzliche menschliche Chromosomen ganz oder als Bruchstück enthalten (RUDDLE, 1971). Die Humanchromosomen jeder Hybridzellinie sind bekannt.

Die genomische DNA von 15 Somazellhybridlinien, die alle 22 (incl. X- und Y-) Chromosomen enthielten, wurden mit *Bam* HI vollständig geschnitten (Zusammenarbeit mit Karl-Heinz Grzeschik, Universität Marburg), die Fragmente durch Agarose-Gelelektrophorese getrennt und durch Southern Blot-Hybridisierungsanalyse mit dem ^{32}P-markierten C-terminalen *Eco* RI Fragment (1200 bp) hybridisiert. In Tafel VI A ist die humanspezifische 9,3-kb-*Bam* HI-Bande in der Southern BlotHybridisierungsanalyse zu erkennen. Die kleinste Bande ist die mausspezifische PLP-Bande. Das Raster in Tafel VI B zeigt, welche menschlichen Chromosomen ganz (Quadrate) oder partiell (Dreiecke) in der Zellinie vorhanden sind. Die Chromosomen 2, 4, 5, 6, 7, 9, 10, 12, 13, 14, 18, 20, 21 und 22 konnten ausgeschlossen werden, da die DNA aus den Zellinien in den Spuren b, h und k nicht hybridisierten. Chromosomen 1, 3, 8, 11, 15, 17, 19 und Y schieden ebenfalls aus, da Hybridisierungen auch mit DNA aus Zellinien auftraten, die diese Chromosomen nicht enthielten. Somit verblieb Chromosom X als einzige Möglichkeit.

Die Zuordnung zu Chromosom X wurde durch Hybridisierung von *Bam* HI-restringierter 4X-chromosomenhaltiger Zellinien-DNA und die daraus resultierenden deutlich stärkeren Signale untermauert.

Die Eingrenzung des PLP-Lokus auf dem X-Chromosom gelang mit Hilfe der somatischen Zellhybride, die nur Teile des X-Chromosoms enthalten. Das Diagramm in Tafel VI C zeigt die Bereiche des X-Chromosoms, die in den jeweiligen Zellinien enthalten sind. Hybridisierende Zellinien sind mit einem „+" versehen. Die Balken c und d ergeben den kleinsten überlappenden Bereich zwischen q13 und q22. In dieser Region ist auch das Phosphoglyceratkinase- (PGK-) Gen lokalisiert. Zur Bestätigung wurde der *Bam* HI-Blot mit einer ^{32}P-markierten PGK-cDNA hybridisiert. Parallel zu unseren Untersuchungen kamen Willard und Riordan sowie Mattei zum gleichen Ergebnis (Willard und Riordan, 1985; Dautigny et al., 1986).

Konservierung der PLP-Struktur in der Evolution

Der Vergleich der Aminosäure- und entsprechenden Nukleotidsequenz des PLP von in der Evolution sehr entfernten Spezies unterstreicht die hohe Konservierung der Sequenzen. Der Vergleich von Ratte, Maus und Mensch und, soweit vorhanden, Rind (Abb. 7 A), zeigt, daß zwischen Mensch und Ratte kein Aminosäurenaustausch und nur 22 Nukleotide von 828 kodierenden Basen ausgetauscht sind, in der Maus 28 bp mit zwei konservativen Aminosäureaustauschen (Ser-Thr, Tyr-Cys). Die extrem hohe Konservierung zeigt die engen Grenzen auf, in denen die Funktion des Proteins noch gewährleistet bleibt. Das gleiche gilt für die 3'-nichtkodierende Sequenz, in der um die potentiellen Polyadenylierungserkennungssequenzen eine sehr hohe Homologie herrscht (Abb. 7 B).

A

```
    Gly Leu Leu Glu Cys Cys Ala Arg Cys Leu Val Gly Ala Pro Phe Ala Ser Leu Val Ala   20
H   GGC TTG TTA GAG TGC TGT GCA AGA TGT CTG GTA GGG GCC CCC TTT GCT TCC CTG GTG GCC   60
R       T               T

    Thr Gly Leu Cys Phe Phe Gly Val Ala Leu Phe Cys Gly Cys Gly His Glu Ala Leu Thr   40
H   ACT GGA TTG TGT TTC TTT GGG GTG GCA CTG TTC TGT GGC TGT GGA CAT GAA GCC CTC ACT  120
R                           A                   A                       T

    Gly Thr Glu Lys Leu Ile Glu Thr Tyr Phe Ser Lys Asn Tyr Gln Asp Tyr Glu Tyr Leu   60
H   GGC ACA GAA AAG CTA ATT GAG ACC TAT TTC TCC AAA AAC TAC CAA GAC TAT GAG TAT CTC  180
R       T               T                                       G

    Ile Asn Val Ile His Ala Phe Gln Tyr Val Ile Tyr Gly Thr Ala Ser Phe Phe Phe Leu   80
H   ATC AAT GTG ATC CAT GCC TTC CAG TAT GTC ATC TAT GGA ACT GCC TCT TTC TTC TTC CTT  240
R       T           T           T

    Tyr Gly Ala Leu Leu Leu Ala Glu Gly Phe Tyr Thr Thr Gly Ala Val Arg Gln Ile Phe  100
H   TAT GGG GCC CTC CTG CTG GCT GAG GGC TTC TAC ACC ACC GGC GCA GTC AGG CAG ATC TTT  300
R                       C                                           T

    Gly Asp Tyr Lys Thr Thr Ile Cys Gly Lys Gly Leu Ser Ala Thr Val Thr Gly Gly Gln  120
H   GGC GAC TAC AAG ACC ACC ATC TGC GGC AAG GGC CTG AGC GCA ACG GTA ACA GGG GGC CAG  360
R

    Lys Gly Arg Gly Ser Arg Gly Gln His Gln Ala His Ser Leu Glu Arg Val Cys His Cys  140
H   AAG GGG AGG GGT TCC AGA GGC CAA CAT CAA GCT CAT TCT TTG GAG CGG GTG TGT CAT TGT  420
R
B

    Leu Gly Lys Trp Leu Gly His Pro Asp Lys Phe Val Gly Ile Thr Tyr Ala Leu Thr Val  160
H   TTG GGA AAA TGG CTA GGA CAT CCC GAC AAG TTT GTG GGC ATC ACC TAT GCC CTG ACC GTT  480
R                                                                           T
B

    Val Trp Leu Leu Val Phe Ala Cys Ser Ala Val Pro Val Tyr Ile Tyr Phe Asn Thr Trp  180
H   GTG TGG CTC CTG GTG TTT GCC TGC TCT GCT GTG CCT GTG TAC ATT TAC TTC AAC ACC TGG  540
R     A                                                                     T
B                                           A           T

    Thr Thr Cys Gln Ser Ile Ala Phe Pro Ser Lys Thr Ser Ala Ser Ile Gly Ser Leu Cys  200
H   ACC ACC TGC CAG TCT ATT GCC TTC CCC AGC AAG ACC TCT GCC AGT ATA GGC AGT CTC TGT  600
R                                                                                C
B                   T GC                 T               A               C
                    Ala                                                  Thr

    Ala Asp Ala Arg Met Tyr Gly Val Leu Pro Trp Asn Ala Phe Pro Gly Lys Val Cys Gly  220
H   GCT GAT GCC AGA ATG TAT GGT GTT CTC CCA TGG AAT GCT TTC CCT GGC AAG GTT TGT GGC  660
R
B                                                                       G

    Ser Asn Leu Leu Ser Ile Cys Lys Thr Ala Glu Phe Gln Met Thr Phe His Leu Phe Ile  240
H   TCC AAC CTT CTG TCC ATC TGC AAA ACA GCT GAG TTC CAA ATG ACC TTC CAC CTG TTT ATT  720
R
B                           C

    Ala Ala Phe Val Gly Ala Ala Ala Thr Leu Val Ser Leu Leu Thr Phe Met Ile Ala Ala  260
H   GCT GCA TTT GTG GGG GCT GCA GCT ACA CTG GTT TCC CTC CTC ACC TTC ATG ATT GCT GCC  780
R               T           C           A
B       G                   C

    Thr Tyr Asn Phe Ala Val Leu Lys Leu Met Gly Arg Gly Thr Lys Phe                  276
H   ACT TAC AAC TTT-GCC GTC CTT AAA CTC ATG GGC CGA GGC ACC AAG TTC                  828
R
B               G
```

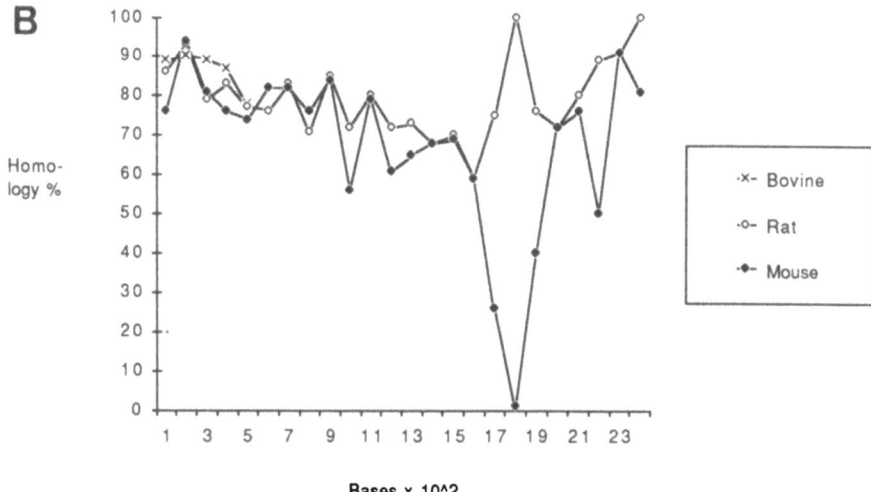

Abb. 7: A Vergleich der Aminosäure- und kodierenden Nukleotidsequenzen des PLP von Mensch, Ratte und Rind.
B Graphische Veranschaulichung der Homologie im 3'-nichttranslatierten Bereich.

Organisation des menschlichen Basischen Myelin-Proteins

Das periphere Membranprotein Basisches Myelinprotein (MBP) wird im Myelin von Mensch, Maus und Ratte in verschiedenen Isoformen angetroffen. So dominiert im Myelin der Ratte und Maus das 18,5- und 14-kDa-MBP. Letzteres unterscheidet sich von der größeren Isoform durch eine 40 Aminosäurereste große Deletion im C-terminalen Bereich. Bei der Maus findet man eine 21,5-kDa- und eine 17-kDa-Form mit einer 28 Aminosäurereste großen Insertion, bei beiden im N-terminalen Bereich (BARBARESE et al., 1977; MARTENSON et al., 1972).

Die Anteile der vier verschiedenen Iso-MBP-Formen ändern sich in der Entwicklung von Maus und Ratte (BARBARESE et al., 1977; CAMPAGNONI et al., 1978; CARSON et al., 1983). Menschliches ZNS-Myelin enthält drei dominante Isoformen, die 21,5-kDa-, die 18,5-kDa- und eine 17,2-kDa-Form, die durch eine Deletion von 41 Aminosäuren im C-terminalen Bereich (140–180 der 21,5-kDa-Form) abgeleitet ist.

Wie eingangs beschrieben, isolierten wir aus der Rattenhirn-cDNA-Bank einen vollständigen MBP-cDNA-Klon. Untersuchungen in Laboratorien von Hood (TAKAHASHI et al., 1985; ROACH et al., 1985) hatten ergeben, daß das Maus-MBP-Gen über sieben Exons und 30 kb verteilt ist und auf dem distalen Arm von Chromosom 18 des Menschen lokalisiert ist.

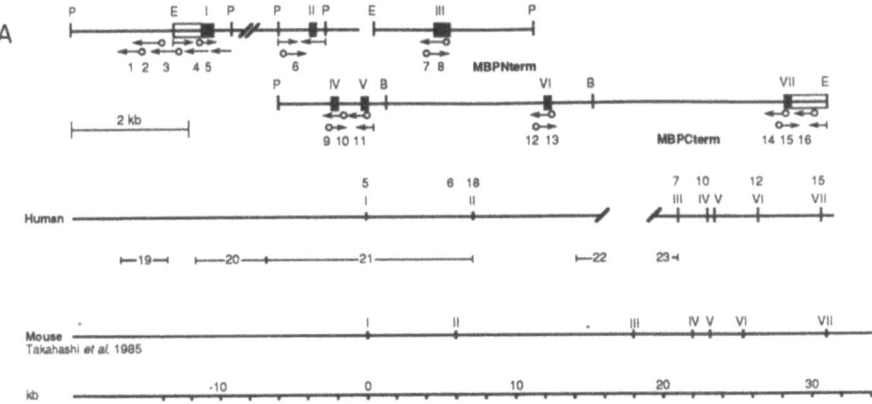

Abb. 8: A Exon-Intron-Organisation des menschlichen MBP.

Wir analysierten die Exon-Intron-Organisation des menschlichen MBP-Gens, das wir auf genomischen Cosmid-Klonen pcos2 EMBL und Charon 4A in unserer Screening-Analyse fanden. Wie für das menschliche PLP-Gen führten wir auch hier Restriktionsanalysen zur Kartierung des MBP-Gens durch. Wir fanden analog zum Maus-Gen sieben Exons über 32-34 kb verteilt (STREICHER und STOFFEL, 1989). Abb. 8 A und B veranschaulichen die Sequenzierungsstrategie und die MBP-Gen-Organisation.

Es wurden drei potentielle Transkriptionsstartpunkte durch die Primer-Extension-Methode bei -55, -82 und -183 bestimmt. Ansonsten sind weder eine TATA- noch eine CAAT-Box eindeutig erkennbar. In der 5'-nichtkodierenden Region trifft man jedoch drei direkte Repeats an, einen nonameren und zwei oktamere. Eine dekamere Sequenz bei -256 bis -265 ist absolut homolog zu einer der regulatorischen Region des PLP-Gens. Augenblickliche Untersuchungen sollen zeigen, ob diese von Bedeutung für die Transkriptions-Regulation ist. Der Vergleich von menschlichem und Maus-MBP-Gen machte die erwähnte Homologie in der Nukleotidsequenz dieser beiden Gene deutlich. Die Isoformen des MBP entstehen alle durch alternatives Splicing. Es sind im wesentlichen die Exons II, V und VI, die hieran beteiligt sind. Abb. 9 faßt die Splicing-Prozesse und die daraus resultierenden Isoformen zusammen.

B

```
I
...tgggtaggtgggtgtgtgtatggatggatggatagatggatggatgggtaaatggactgttatgtggatggatggatggatggatagagatagatggatgactggtattacagg
gatatgtgagtgaatcctttttctgtatagataagtaatagagtttggagaggaaactaactaaatgatatttatttaaacctaacactctaacttgaaagcaaaatggattcattgccc
ttcgtgacagaaatgtggtatttttggagaaagctatgagatgctggtatacaacatgaaatatctcaatcccacttcagatttctaattgtttctgcttccagaggagaagccaagt
caaatgtcctgaataagcagtctctctattgtgagaggcctcttgtggaatctgggattgaaacaattctaaatgocccactctcttcatgcatgaattgcaaaaagatgtggcaagtt
ttgttctaccaagaaaactaaaaacacctttgtcaaataaatgctccttgcatatttaacttatgcaccagtggccttttaaacagtcaatgtcccatcaagtgcctgcacatctg
ggctctccgggagcagccatggcagcaccgggaagaaagctgatgtggctgctctgcatgctcagatgacttcatggggaagctgggtgcattttaagctgggtgccaaatctgag
taactgaggaattcccagagcctctgaaacacagagctgcaataaggctgctccatccacaccaggttagctccatcctaggccaagggctttatgaggactgcacatatctgtgggtttta
taggagacagctaggtcaagacccctcagagaaagctgcttttgtccggtgctcagcttcacaggccgtattcatatctcattgttgtttgcaggagaggcagatgcgaaccagaac
aatgggacctcctctcaggacacagccggtgactgactccaaggcgacagcggaccgaaggtgcaggcaggtccaccccagctgacccagggagcggccccccacttgatccgcctc
tttcccgagatgccccgggggagggaggacaaccaccttcaaagcacaggccctctgagtcccgacgagctccagaccatccaagaagcacagtgcagccacctccgagagcctggatgtg

              Met Ala Ser Gln Lys Arg Pro Ser Gln Arg His Gly Ser Lys Tyr Leu Ala Thr Ala Ser Thr Met Asp His Ala Arg His Gly Phe Leu   29
              ATG GCG TCA CAG AAG AGA CCC TCC CAG AGG CAC GGA TCC AAG TAC CTG GCC ACA GCA AGT ACC ATG GAC CAT GCC AGG CAT GGC TTC CTC   87
              Pro Arg His Arg Asp Thr Gly Ile Leu Asp Ser Ile Gly Arg Phe Phe Gly Gly Asp Arg Gly Ala Pro Lys Arg Gly Ser Gly Lys          58
              CCA AGG CAC AGA GAC ACG GGC ATC CTT GAC TCC ATC GGG CGC TTC TTT GGC GGT GAC AGG GGT GCG CCC AAG CGG GGC TCT GGC AAG gtga 174
gctctgaggagtagaggagttttagtttaaatggaaaaagcaaaggagaaatcagtaggtgaactcagccattagaggaagaactggcacgtagcctctctgtgtgtaaggctcgttcc
gtgctggagaatgcatatgagcccaagagtgtgggcctgagaggctgcttaggacgttttcgtttaactcaccccctctcttcctcacaagggatggtggcggggtgtggctcaggaat
gtaaggacatgctgaattc...

II
...ctgcagaaaatcggaaaaggtccgtcctccggttcactgaacctcacagagcagaaaaagcttaacctgctaaatccaatgcagaagataacacacttgctatataaagaaaaat
acaactctgcaagtaaagtggaatgtaaaatttatccattccatggtagcaggtcaaaaaaccttttagtgcaatttgctccgaatggggaaaggccttctgcactggaatcctaagaat
ctttcacagctggtgcctgctgccatattaagaactcttgtgccattgtttgatacaggggctcagaatagactttggagagagaattctttcctaaacttttccttttgctctcgat
ttcctgagtcctcagggcgcatgctgccctctgacctccatcacccttgctcttcctcatccatcatgctgacatgcttcttctcctgtcgtcttcatcctccacc
cccgctcactcctcactctgggctcttgccaagccagctctagaggagattttgctggaggacttttggggcattgccggccggggcgcaccccggatccaagcaggccacctctgtgtc
                         Val Pro Trp Leu Lys Pro Gly Arg Ser Pro Leu Pro Ser His Ala Arg Ser Gln Pro Gly Leu Cys Asn Met Tyr Lys    84
              cccggcag GTA CCC TGG CTA AAG CCG GGC CGG AGC CCT CTG CCC TCT CAT GCC CGC AGC CAG CCT GGG CTG TGC AAC ATG TAC AAG gtaag 252
acgccggcgggtcctcacccatcggggccagggtgacctgccgtttcctgagcctctcagccgactgtcctcggggcaggtagtgtcactgccaggggccacccccagcct...

III
                                               Asp Ser His His Pro Ala Arg Thr Ala His Tyr Gly                                   96
...ttcctgaggaggacaagccgcaggggactgtggacttgtcctgaggtcaccgcgctctgtgtttcag GAC TCA CAC CAC CCG GCA AGA ACT GCT CAC TAC GGC     288
Ser Leu Pro Gln Lys Ser His Gly Arg Thr Gln Asp Glu Asn Pro Val Val His Phe Phe Lys Asn Ile                                  119
TCC CTG CCC CAG AAG TCA CAC GGC CGG ACC CAA GAT GAA AAC CCC GTA GTC CAC TTC TTC AAG AAC ATT gtaagtgacgatcgatgggaagaggta    357
gcaactgtgaggggggaggaggg...

IV and V
                                 Val Thr Pro Arg Thr Pro Pro Pro Ser Gln Gly Lys                                              131
...gccagggttctctgtgcctttcag GTG ACG CCT CGC ACA CCA CCC CCG TCG CAG GGA AAG gtaagaccttggaatgttttgattgatcatcacttttctgata    393
gacctctctaaaatcccataatgtaccaaagagagagttaggctccgagactccagaatccatcccaaaacgtgttgccaggcagctcccaagtagaacaggtgggagatccatgcac
ccctcctgctccctccgcacctgcacagccgctgtggcctagctgccgccccctcggagctccggtgggaacctgttttttaccacctcagctccactgtgcttgactgtgtttct
                                                          Gly Arg Gly Leu Ser Leu Ser Arg Phe Ser Trp                         142
gttgattgaaaggacttctcccttcactgaccaccatgtcattatttctctgtcttcctcatgcag GGG AGA GGA CTG TCC CTG AGC AGA TTT AGC TGG gtaggtgac  426
gaacgcgacttccatcggcttcctcttccgtcccagtcctcacagcccgcaactttttgtgttctgtctgttttcggttgcttcctggcctccttttctctctcctctcga...

VI
...cctcagcgtggtgctggccgtggctggcctgaacccactcaccagtccagtccgggcctgggccttccccggggcctggtggcagctcccagtggctcaagcagcgtgcccagcac
           Gly Ala Glu Gly Gln Arg Pro Gly Phe Gly Tyr Gly Gly Arg Ala Ser Asp Tyr Lys Ser                                   162
cgcgggtggaggttgagctccgtggtcttcttcag GGG GCC GAA GGC CAA AGA CCA GGA TTT GGC TAC GGA GGC AGA GCG TCC GAC TAT AAA TCG        486
Ala His Lys Gly Phe Lys Gly Val Asp Ala Gln Gly Thr Leu Ser Lys Ile Phe Lys Leu                                             182
GCT CAC AAG GGA TTC AAG GGA GTC GAT GCC CAG GGC ACG CTT TCC AAA ATT TTT AAG CTG gtaaggtaccctctgctcagctccactga...           546

VII
...agaaaatgctcatcaaagcaaagcaatggagcggctcgacttcacccacagaatgcacttgtttgcagagcatggttatgcaggcaccactccctgggggcctgggaatccgattc
cagtctctctctcacagaactggaaattcattagcatttgctgaggaggtcgggagaaatggaatgaaaagaccagctctccgggggtgccattttctattagcagatgagagagacccc
                                                           Gly Gly Arg Asp Ser                                               187
aatggctcagcatggaccgggaccacagaagagggggatgctggtgtgggaggaccctgcggcactctcgtcctaactcctctctctctctttttcag GGA GGA AGA GAT AGT   561
Arg Ser Gly Ser Pro Met Ala Arg Arg Stop                                                                                     196
CGC TCT GGA TCA CCC ATG GCT AGA CGC TGA aaaccacctggttccggaatcctgctcctcagctcttcttaatatactgccttaaacctttaatcccacctgccctgtt  588

acctaattagagcagatgaccctcccctaatgctgcggagttgtgcacgtagtagggctcaggccacggcagcctaccggcaatttccggccaacagtttaaatgagaacatgaaaaca 607
gaaaacggcttaaaactgtccctttctgtgtgaagtcacgttccttccccgcaatgtgccccagacgcacgtgggtcttcagggggccaggtgcacagacgtccctccacgttcacc    726
cctccacccttggacttctctttcgccgtggctcggcaccctctgcgttcgtggtcactgccatggcagacaggcacacagctgagacagaagggaggactgtt              845
gacatccaagctccttgttttttttttcctgctcctctctcacctcctaaagtagactttcattttcctaacaggattagacagtcaaggagtgggcttactacatgtgggacgttttt 964
ggtatgtgacatgggggctgggcagctgttagagtccaaccgtgggggcagacagaaggggggccacctccccaggccgtggctgcccacacacccaattagctgaattc...     1074
```

Abb. 8: B Nukleotidsequenz der Exons und umfangreicher Teile der Introns des MBP.

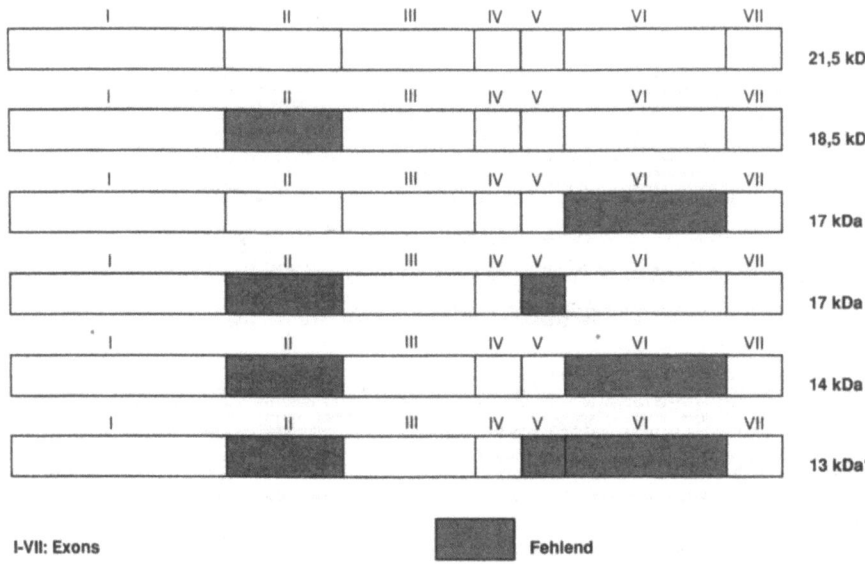

Abb. 9: MBP-Formen, die durch alternatives Splicing entstehen.

Tiermodelle zum Studium der normalen und der genetisch-pathobiochemisch veränderten Myelinmembran des Zentralnervensystems (Dysmyelinosen)

Tiermodelle, die einen defekten Aufbau der Myelinmembran aufweisen, eignen sich hervorragend a) zur Untersuchung des Membranaufbaus und der Funktion der Membrankomponenten, vor allem ihrer Proteine, b) für die Analyse der Differenzierung in der Myelogenese sowie c) für das Studium der Pathogenese auf molekularer Ebene. Von den Myelin-Mutanten bei Maus, Ratte, Kaninchen und Spanielhunden sollen zwei Geschlechtschromosom-gebundene Mutationen der Maus und der Ratte beschrieben werden, die in meinem Arbeitskreis intensiv untersucht werden.

Geschlechtlich (X-chromosomal) vererbte Defekte

Jimpy mouse (ji)

1952 beschrieb FALCONER den geschlechtsgebundenen Tabby (Ta)-Marker der Maus. Die heterozygoten Weibchen zeichnen sich durch eine Querstreifung des Rückenfells, die homozygoten Männchen durch ein hellbraunes Fell aus. Mit dem Ta-Marker gekoppelt ist das jimpy-Gen, das zum vollständigen Fehlen des Myelins der betroffenen männlichen Maus und zum frühen Tod unter den Symptomen Tremor und Krämpfe führt. Die das ji-Gen tragenden Weibchen zeigen ein Mosaikmuster, da die Genexpression davon abhängig ist, ob das mutierte oder das normale X-Chromosom inaktiviert ist (LYON, 1961; GARTLER, 1983). Während im heterozygoten Weibchen die Hypomyelinisierung mit zunehmendem Alter kompensiert wird, findet man bei der proteinchemischen Analyse des Gehirns der befallenen Männchen eine markante Reduktion des PLP und MBP (KERNER und CARSON, 1984; SORG et al., 1986).

Da das PLP-Gen auf dem X-Chromosom lokalisiert werden konnte, wurde der primäre Defekt der ji-Mutation in der PLP-Expression gesucht. Dabei erwiesen sich die Southern Blots der genomischen DNA der ji-Maus mit der PLP-cDNA der normalen Maus identisch (NAVE et al., 1986; HUDSON et al., 1987; DAUTIGNY et al., 1986; GARDINER et al., 1986). Die exakte Bestimmung des ji-Defektes in der mRNA wurde durch Isolierung der ji-PLP-cDNA erbracht (NAVE et al., 1986), in der eine 74-Basenpaar-Deletion mit Leserasterverschiebung des C-Terminus des PLP beobachtet wurde.

Diese Mutation wurde durch S1-Nuklease bzw. RNAse A-Schutzexperimente an DNA/ji-RNA-Hybriden (MORELLO et al., 1986) sowie RNA/ji-RNA-Hybriden (HUDSON et al., 1987) bestätigt.

Ein Blick auf die Exon-Intron-Struktur des menschlichen PLP-Gens zeigte, daß die 74-Basen-Deletion durch Deletion von Exon V beim Splicing erfolgt (Abb. 6B). In der Tat führt eine A → G-Transition an der Splice-Akzeptor-Stelle zu GG, so daß das Exon V mit Intron IV und Intron V eliminiert wird. Exon V endet auf dem ersten Nukleotid des Glycins (G). Da Exon VI mit dem Triplett TTC (Phe) beginnt, kommt es zur Leserasterverschiebung und Synthese eines missense-Proteins. Die Folge ist der Verlust von myelinisierenden Oligodendrozyten. Dies ist sehr gut erkennbar in der vergleichenden *in situ*-Hybridisierung von normalen md-Ratten und ji-Gehirnschnitten mit antisense-PLP und MBP-mRNA.

Einen weniger drastischen Verlauf der Erkrankung beobachtet man in der msd-Maus, obwohl phänotypisch der ji-Maus sehr verwandt (MEIER und MACPIKE, 1970; BILLINGS-GAGLIARDI et al., 1980). Die wegen des X-chromosomal gebundenen Defekts naheliegende Beteiligung des PLP-Gens ist auf molekularer Ebene noch nicht aufgeklärt.

myelin-deficient (md) Ratte

Die md-Ratte ist eine im Phänotypus der ji-Maus sehr verwandte Mutante der Wistar-Ratte. Das endoplasmatische Retikulum ist aufgeweitet, im Zytoplasma treten flockige Ausfällungen auf (YANAGISAWA, 1986). Die mRNA von PLP und MBP, von MAG und CNP sind stark reduziert. Tafel VII vergleicht die *in situ*-Hybridisierung, die wir von Hirnschnitten der normalen Ratte, der md-Ratte und jimpy-Maus mit [^{35}S]UDPS-markierter antisense-PLP- und MBP-RNA durchführten (BOISSON und STOFFEL, 1989). Die markant reduzierte Zahl von Oligodendrozyten im md- und ji-Gehirn ist erkennbar an der geringfügigen Markierung durch die spezifischen Hybridisierungsproben.

Der Vergleich der Southern Blots von normaler Ratten-PLP-DNA und der md-Ratte ergab keine Größenunterschiede, identische Sequenzen der 5'-regulatorischen Region sowie absolut homologe Sequenzen der Exons IV bis VII. Sequenzierung der md-cDNA und der durch PCR *(polymerase chain reaction)* synthetisierten Exons II und III ergab eine Punktmutation (A→C-Transversion), die zur Mutation von Thr^{75} zu Pro führt. Die Punktmutation liegt im Exon III, der das zweite transmembranale α-helikale Segment kodierenden Sequenz. Durch die Transversion wird gleichzeitig eine *Ava* II-Restriktionsschnittstelle geschaffen, so daß der *Ava* II-Polymorphismus im Exon III ein rasches Diagnostikum des md-Allels darstellt (Tafel VIII A, B).

Prolin mit dem vorhergehenden Glyzin ist ein α-Helixbrecher, der zum Knick und teilweiser β-turn-Struktur der Helix führt, einer Konformation, die offenbar eine Integration der C-terminalen PLP-Sequenz in die Lipiddoppelschicht verhindert.

Zellbiologisch drückt sich diese A→C-Transversion, also die Mutation einer von 17 000 Basen, so aus, daß es zum Verlust der Oligodendrozyten, damit der Myelinisierung und zum Tod kommt. Diese pathogenetisch wichtige Reaktionskette wird augenblicklich intensiv untersucht.

Autosomal-rezessiv vererbte Dysmyelinosen

Eine rezessiv vererbte Dysmyelinose ist der shiverer-Defekt der Maus (shi). Dieser Defekt beruht auf der Deletion von fünf der sieben Exons des MBP-Gens, das auf Chromosom 18, q22-qter lokalisiert ist (ROACH et al., 1985; SAXE et al., 1985; SPARKEY et al., 1987). Der Verlust des MBP erlaubt zwar eine Myelinbildung, jedoch bleibt die Ausbildung der MDL als Ausdruck der Ausbildung des sehr dichten zytosolischen Spaltes aus (MATTHIEU et al., 1986). Der Myelinisierungsdefekt konnte durch Implantation des intakten MBP-Gens in die Keimzelle der Maus im transgenen Mausmodell behoben werden (READHEAD et al., 1987).

Eine weitere autosomale Maus-Mutante ist die myelin-deficient-Maus. Die Arbeitsgruppe von Hood fand heraus, daß auf Grund einer MBP-Gen-Duplikation und Inversion die Regulation der Genexpression gestört ist und dadurch der der shiverer-Mutante verwandte Phänotypus entsteht. Auch hier gelang es durch Einschleusung des normalen MBP-Gens, transgene Mäuse zu schaffen, die Myelin in verschiedener Stärke bildeten (POPKO et al., 1987).

Der quaking Maus (qk) liegt ein an Chromosom 17 gebundener Defekt zugrunde. Phänotypisch beobachtet man elektronenmikroskopisch eine stark aufgelockerte Myelinstruktur mit stark reduzierter Expression sowohl des PLP- als auch des MBP-Gens. MBP scheint nicht in die Myelinmembran eingebaut zu werden. Eine molekularbiologische Erklärung dieser Mutation steht noch aus (HOGAN und GREENFIELD, 1984; SORG et al., 1986).

Geschlechtsgebundene rezessive Dysmyelinosen des Menschen

Demyelinisierungen führen zum Abbau von vorhandenem, intakten Myelin durch entzündliche oder toxische Ursachen. Eine Reihe von Dysmyelinosen, Leukodystrophien, hingegen beruhen auf genetisch bedingten Funktionsstörungen der Oligodendrozyten. In diesem Zusammenhang sind die Dysmyelinosen mit X-chromosomalrezessivem Erbgang, wie z. B. die Adrenoleukodystrophie (ALD) und die „familiären diffusen Sklerosen", auch als Pelizaeus-Merzbacher-Erkrankung bezeichnet, von besonderer Bedeutung (NEUHÄUSER, 1979).

Die Adrenoleukodystrophie führt beim homozygoten männlichen Nachfahren frühzeitig zur geistigen Retardierung, motorischen Störungen, Entmyelinisierung des *Nervus opticus* mit Erblindung und Tod im frühen Alter von vier bis acht Jahren.

Charakteristisch und als diagnostisches Hilfsmittel verwertet findet man die Akkumulation sehr langkettiger Fettsäuren ($>C_{24}$-C_{26}) in fast allen Geweben, meist als Cholesterinester (IGARASHI et al., 1978). Die gaschromatographische Bestimmung der langkettigen Fettsäuren in den Lipiden von Leukozyten, Hautfibroblasten und durch Amniocentese gewonnenen Zellen ist augenblicklich die vor allem pränatale diagnostische Methode der Wahl (BOUÉ et al., 1985). Der ALD-Lokus auf dem X-Chromosom ist noch nicht genau bestimmt, jedoch erfaßt eine für die Xq28-Bande spezifische DNA-Probe einen Restriktionsfragmentlängen-Polymorphismus (RFLP), der für das defekte Allel charakteristisch sein soll (OBERLÉ et al., 1985). Solange jedoch der genaue Abstand von Probe und ALD-Lokus nicht bekannt ist, heftet diesem RFLP wegen möglicher Rekombinationen ein Unsicherheitsfaktor an.

Eine seltene Leukodystrophie-Form ist die Pelizaeus-Merzbacher-Erkrankung. Schon im Säuglingsalter beginnt der geistige und psychische Verfall, der sich bis zum Tod nach wenigen Lebensjahren analog zum Phänotypus der ji-Maus oder der md-Ratte verschlimmert. Die Erkrankung ist durch das völlige Fehlen der weißen

Substanz des Zentralnervensystems histologisch charakterisiert. Astrozyten im Bereich der Dysmyelinisierung weisen Fett-Tröpfchen auf (SEITELBERGER, 1979). Der von SEITELBERGER postulierte Defekt des Phospholipidstoffwechsels ist sicherlich nur ein peripheres Symptom im komplexen Phänotypus dieser genetisch bedingten Dysmyelinose. Die X-Chromosomen-Linkage, verbunden mit einem völligen Fehlen des Proteolipidproteins (KOEPPEN et al., 1987), und die immunzytochemisch stark veränderten Marker-Enzyme des Myelins weisen auf eine Mutation des PLP-Gens hin. Die Klonierung des Pelizaeus-Merzbacher-PLP-Gens sollte zu einem Einblick in die Mutation und die Pathogenese führen.

Demyelinisierende Erkrankungen

Die häufigste und schwerste, sehr oft progredient verlaufende entzündliche Erkrankung des Zentralnervensystems ist die Enzephalomyelitis disseminata, auch als Multiple Sklerose bezeichnet. Ihre Ätiologie ist noch völlig ungeklärt, obwohl immer wieder Virus-Infektionen – es sind inzwischen mehr als zwanzig verschiedene beschrieben worden – als auslösendes Ereignis angeführt wurden. Dies gilt besonders für das Windpocken-, Röteln- und Mumpsvirus und jüngst das retrovirale HIV-Virus (REDDY et al., 1989). Eine wesentliche Komponente in der Pathogenese ist die Autoimmun-Reaktion. Im Tiermodell gelingt es, eine symptomatologisch verwandte Demyelinisierung experimentell durch Immunisierung von Kaninchen oder Ratten mit dem Basischen Myelinprotein zu erzeugen. Neben den entzündlichen Degenerationsherden, die bei dieser experimentellen allergischen Enzephalitis auftreten, werden im Versuchstier T-Lymphozyten mit MBP-Spezifität aktiviert. Ein Transfer der T-Lymphozyten kann im gesunden Tier MS-Symptomatik auslösen. Ganz analog zum Tiermodell findet man im Liquor cerebrospinalis der MS-Patienten MBP-spezifische T-Lymphozyten.

Unabhängig von der Ätiologie stellt sich die Frage, ob MBP das primäre Antigen für die Auslösung des Autoimmunprozesses darstellt. Für das Verständnis pathogenetischer Abläufe ist der molekulare Aufbau der am Geschehen beteiligten Strukturen von großer Hilfe. Die Topologie des MBP ist eindeutig im zytosolischen Spalt der Myelinmembran, durch die dichten Lipiddoppelschichten unangreifbar gegen Proteasen angeordnet, wie dies experimentell gezeigt wurde. Betrachtet man das Myelin-Membranmodell (Abb. 4), so wird deutlich, daß das Proteolipidprotein (PLP) große hydrophile Domänen an der Myelinmembran-Oberfläche exponiert, die somit für Proteasen von Makrophagen, Lymphozyten und Leukozyten als primärem Angriffspunkt direkt zugängig sind. Durch eine Fragmentierung des PLP würde die Membranorganisation des Myelin empfindlich gestört. Damit könnten Phospholipide für den Angriff von Phospholipasen und in Folge auch das basische

Myelinprotein für Proteasen exponiert werden. Die hohe Antigenität des MBP und seiner Peptidfragmente übernimmt im Autoimmunisierungsprozeß die dominierende Rolle, wenn auch nach dieser noch hypothetischen Reaktionssequenz erst sekundär und auf einer späteren Stufe im pathogenetischen Geschehen.

Die Kenntnis der entscheidenden Epitope, die primär im Entmarkungsprozeß von aktivierten T-Lymphocyten erkannt werden, könnte, auch wenn die Ätiologie noch nicht aufgeklärt ist, von größter Bedeutung für das pathogenetische Verständnis der Multiplen Sklerose und für deren Therapie werden.

Literatur

Arquini, M., Roder, J., Chia, L. S., Down, J., Wilkinson, D., Bayley, H., Braun, P., Dunn, R. (1987) Molecular cloning and primary structure of myelin-associated glycoprotein, *Proc. Natl. Acad. Sci USA* 84, 600–604.

Barbarese, E., Braun, P. E., Carson, F. H. (1977) Identification of pre-large and presmall basic proteins in mouse myelin and their structural relationship to large and small basic proteins, *Proc. Natl. Acad. Sci. USA* 74, 3360–3364.

Billings-Gagliardi, S., Adcock, L. H., Wolf, M. K. (1980) Hypomyelinated mutant mice: description of jp(msd) and comparison with jp and qk on their present genetic backgrounds, *Brain Res.* 194, 325–328.

Boison, D., Stoffel, W. (1989) Myelin-deficient rat: a point mutation in Exon III (A → C, Thr → Pro) of the myelin proteolipid protein causes dysmyelination and oligodendrocyte death, *Embo J.* 8, 3295–3302.

Boué, J., Oberlé, I., Heilig, R., Mandel, J. L., Moser, A., Moser, H., Larsen, W., Dumez, Y., Boué, A. (1985) First trimester prenatal diagnosis of adrenoleukodystrophy by determination of very long chain fatty acid levels and by linkage analysis to a DNA probe, *Hum. Genet.* 69, 272–274.

Braun, P. E. (1984) in: Myelin, ed. Morell, P. (Plenum Press, New York), pp. 97–106.

Campagnoni, C. W., Carey, G. D., Campagnoni, A. T. (1978) Synthesis of myelin basic protein in the developing mouse brain, *Arch. Biochem. Biophys.* 190, 118–125.

Carnegie, P. R. (1971) Amino acid sequence of the encephalitogenic protein of human myelin, *Biochem. J.* 123, 57–67.

Carson, J. H., Nielson, M. L., Barbarese, E. (1983) Developmental regulation of myelin basic expression in mouse brain, *Dev. Biol.* 96, 485–492.

Chen, E. J., Seeburg, P. H. (1985) Supercoil sequencing: a fast and simple method for sequencing plasmid DNA, *DNA* 4, 165–170.

Dautigny, A., Alliel, P. M., d'Auriol, L., Pham-Dinh, D., Nussbaum, J. L., Galibert, F., Jollès, P. (1985) Molecular cloning and nucleotide sequence of a cDNA clone coding for rat brain myelin proteolipid, *FEBS Letters* 188, 33–36

Dautigny, A., Mattei, M. G., Morello, D., Alliel, P. M., Pham-Dinh, D., Amar, L., Arnaud, D., Simon, D., Mattei, J. F., Guenet, J. L., Jollès, P., Avner, P. (1986) The structural gene coding for myelin-associated proteolipid protein is mutated in jimpy mice, *Nature* 321, 867–869.

de Ferra, F., Engh, H., Hudson, L., Kamholz, J., Puckett, C., Molineaux, S., Lazzarini, R. A. (1985) Alternative splicing accounts for the four forms of myelin basic protein, *Cell* 43, 721–727

Drummond, R. J., Dean, G. (1980) *J. Neurochem.* 35, 1155–1165.

Dunkley, P. R., Carnegie, P. R. (1974) Amino acid sequence of the smaller basic protein from rat myelin, *Biochem. J.* 141, 243–255.

Eylar, E., Brostoff, S. W., Hashim, G., Coccam, J., Burnett, P. (1971) Basic A1 protein of the myelin membrane. The complete amino acid sequence, *J. Biol. Chem.* 246, 5770–5784.

Folch, J., Lees, M. (1951) A simple method for the isolation and purification of total lipids from animal tissues, *J. Biol. Chem.* 191, 807–817.

Gardiner, M. V., Macklin, W. B., Diniak, A. J., Deininger, P. L. (1986) Characterisation of myelin proteolipid mRNAs in normal and jimpy mice, *Mol. Cell. Biol.* 6, 3755–3762.

Gartler, S. M., Riggs, A. D. (1983) Mammalian X chromosome inactivation, *Ann. Rev. Genet.* 17, 155–190.

Gilbert, W. (1985) Genesis-in-pieces revisited, *Science* 228, 823–824.

GUBLER, U., HOFFMAN, B. J. (1983) A simple and very efficient method for generating cDNA libraries, *Gene 25*, 263-269.

HEINRICH, P. (1986) Guidelines for quick and simple plasmid sequencing (Boehringer Mannheim GmbH, Mannheim).

HOGAN, E. L., GREENFIELD, S. (1984) in: Myelin, ed. MORELL, P. (Plenum Press, New York).

HUDSON, L. D., BENDT, J. A., PUCKETT, C., KOZAK, C. A., LAZZARINI, R. A. (1987) Aberrant splicing of proteolipid protein mRNA in the dysmyelinating jimpy mutant mouse, *Proc. Natl. Acad. Sci. USA 84*, 1454-1458.

HUDSON, L. D., BERNDT, J. A., PUCKETT, C., KOZAK, C. A., LAZZARINI, R. A. (1987) Aberrant splicing of proteolipid protein mRNA in the dysmyelinating jimpy mutant mouse, *Proc. Natl. Acad. Sci. USA 84*, 1454-1458.

HUXLEY, A. F., STÄMPFLI, R. (1949) Evidence for saltatory conduction in peripheral myelinated nerve fibers, *J. Physiol. 108*, 315.

IGARASHI, N., SCHAUMBURG, H., POWER, J., KISHIMOTO, Y., KOLODEMY, E., SUZUKI, K. (1976) Fatty acid abnormality in adrenoleukodystrophy, *J. Neurochem. 26*, 851-860.

KAMHOLZ, J., DE FERRA, F., PUCKETT, C., LAZZARINI, R. A. (1986) Identification of three forms of human myelin basic protein by cDNA cloning, *Proc, Natl. Acad. Sci. USA 83*, 4962-4966.

KERNER, A. L., CARSON, J. H. (1984) Effect of the jimpy mutation on expression of myelin proteins in heterozygous and hemizygous mouse brain, *J. Neurochem. 43*, 1706-1715.

KOEPPEN, A. H., RONCA, N. A., GREENFIELD, E. A., HANS, M. B. (1987) Defective biosynthesis of proteolipid protein in Pelizaeus-Merzbacher disease, *Ann. Neurol. 21*, 159-170.

LYON, M. F. (1961) Gene action in the X chromosome of the mouse (*Mus musculus* L.), *Nature 190*, 372-373.

MATTHIEU, J. M., ROACH, J. M., OMLIN, F. X., RAUBOLDT, I., ALMANZAN, G., BRAUN, P. E. (1986) Myelin instability and oligodendrocyte metabolism in myelin-deficient mutant mice, *J. Cell. Biol. 103*, 2673-2682.

MCLAUCHLAN, J., GAFFNEY, D., WHITTON, J. L., CLEMENTS, J. B. (1985) The consensus sequence YGTGTTYY located downstream from the AATAAA signal is required for efficient formation of mRNA 3'-termini, *Nucl. Acids Res. 13*, 1347-1368.

MEIER, A., MACPIKE, A. D. (1970) A neurological mutation (msd) of the mouse causing a deficiency of myelin synthesis, *Exp. Brain Res. 10*, 512-528.

MILNER, R. J., LAI, C., NAVE, K. A., LENOIR, D., OGATA, J., SUTCLIFFE, J. G. (1985) Nucleotide sequences of two mRNAs for rat brain myelin proteolipid protein, *Cell 42*, 931-939.

MORELLO, D., DAUTIGNY, A., PHAM-DINH, D., JOLLÈS, P. (1986) Myelin proteolipid protein (PLP and DM-20) transcripts are deleted in jimpy mutant mice, *EMBO J. 5*, 3489-3493.

MARTENSON, R. E., DEIBLER, G. E., KIES, M. W., MCKNEALLY, S. S., SHAPIRA, R., KIBLER, R. F. (1972) Differences between the two myelin basic proteins of the rat central nervous system, *Biochim. Biophys. Acta 263*, 193-203.

NAVE, L. A., KAI, C., BLOOM, F. E., MILNER, R. J. (1986) Jimpy mutant mouse: a 74 base deletion in the mRNA for myelin proteolipid protein and evidence for a primary defect in RNA splicing, *Proc. Natl. Acad. Sci. USA 84*, 1454-1458.

NEUHÄUSER, G. (1979) in: Handbook of Clinical Neurology, eds. Vinken, P. J., Bryott, C. W. (North Holland Publishing Company, Amsterdam), Vol. 42, pp. 498-500.

NORGARD, M. V., TOCCI, M. J., MONAHAN, J. J. (1980) On the cloning of eukaryotic total poly (A)$^+$ RNA populations in *Escherichia coli*, *J. Biol. Chem. 255*, 7665-7672.

NORTON, W. T., PODUSLO, S. E. (1973) Myelination in rat brain: changes in myelin composition during brain myelination, *J. Neurochem. 21*, 759-773.

NORTON, W. T., CRAMMER, W. (1984) in: Myelin, ed Morell, P. (Plenum Press, New York) pp. 147-195.

OBERLÉ, I., DRAYNA, D., CAMERINO, G., WHITE, R., MANDEL, J. L. (1985) The telomeric region of the human X chromosome long arm: Presence of a highly polymorphic DNA marker and analyis of recombination frequency, *Proc. Natl. Acad. Sci. USA 82*, 2824-2828.

OSHIRO, Y., EYLAR, E. H. (1970) Allergic encephalomyelitis: preparation of the encephalitogenic basic protein from bovine brain, *Arch. Biochem. Biophys. 138*, 392-396

POPKO, B., PUCKETT, C., LAI, E., SHINE, H.D., READHEAD, C., TAKAHASHI, N., HUNT, S.W., SIDMAN, R.L., HOOD, L. (1987) Myelin deficient mice: expression of myelin basic protein and generation of mice with varying levels of myelin, *Cell 48*, 713–721.

RANVIER, M.L. (1878) Leçons sur l'Histologie du Systeme nerveux (Librarie F. Savy, Paris).

READHEAD, C., POPKO, B., TAKAHASHI, N., SHINE, H.D., SAAVEDRA, R., SIDMAN, R.L., HOOD, L. (1987) Expression of a myelin basic protein gene in transgenic shiverer mice: correction of the dysmyelinating phenotype, *Cell 48*, 703–712.

REDDY, E.P., SANDBERG-WOLLHEIM, M., METTUS, R.V., RAY, P.E., DE FREITAS, E., KOPROWSKI, H. (1989) Amplification and molecular cloning of HTL V-1 sequences from DNA of multiple sclerosis patients, *Science 243*, 529.

ROACH, A., TAKAHASHI, N., PRAVTCHEVA, D., RUDDLE, F., HOOD, L. (1985) Chromosomal mapping of mouse myelin basic protein gene and structure and transcription of the partially deleted gene in shiverer mutant mice, *Cell 42*, 149–155.

RUDDLE, F.A. (1971) Linkage analysis in man by somatic cell genetics, *Nature 242*, 165–169.

SAXE, D.F., TAKAHASHI, N., HOOD, L., SIMON, M.I. (1985) Localisation of the human myelin basic protein gene (MBP) to region 18q22-qter by in situ hybridisation, *Cytogenet. Cell. Genet. 39*, 246–249.

SCHAICH, M., BUDZINSKI, R.-M., STOFFEL, W. (1986) Cloned proteolipid protein and myelin basic protein cDNA, *Biol. Chem. Hoppe-Seyler 367*, 825–834.

SEITELBERGER, F. (1979) in Handbook of Clinical Neurology, eds. VINKEN, P.J., BRYOTT, C.W. (North Holland Publishing Company, Amsterdam), Vol. 10, 150–202.

SORG, B.J.A., AGRAWAL, D., AGRAWAL, H.C., CAMPAGNONI, A.T. (1986) Expression of myelin proteolipid protein and basic protein in normal and dysmyelinating mutant mice, *J. Neurochem. 46*, 379–387.

SPARKES, P.S., MOHANDAS, T., HEIMAN, C., ROTH, H.J. KLISSAK, I., CAMPAGNONI, A.T. (1987) Assignment of the myelin basic protein to human chromosome 18q22-qter, *Human Genet. 75*, 147–150.

STOFFEL, W., HILLEN, H., GIERSIEFEN, H. (1984) Structure and molecular arrangement of proteolipid protein of central nervous system myelin, *Proc. Natl. Acad. Sci. USA 81*, 5012–5016.

STONER, G.L. (1984) Predicted folding of β-structure in myelin basic protein, *J. Neurochem. 43*, 433–447.

STREICHER, R., STOFFEL, W. (1989) The organisation of the human myelin basic protein, *Biol. Chem. Hoppe-Seyler 370*, 503–510.

SÜDHOF, T.C., GOLDSTEIN, J.L., BROWN, M.L., RUSSELL, D.H. (1985) The LDL receptor gene: a mosaic of exons shared with different proteins, *Science 228*, 815–822.

TAKAHASHI, N., ROACH, A., TAPLOW, D.B., PRUSINER, S.B., HOOD, L. (1985) Cloning and characterization of the myelin basic protein gene from mouse: one gene can encode both 14 kd and 18.5 kd MBPs by alternate use of exons, *Cell 42*, 139–148.

VIRCHOW, R. (1854) Ueber das ausgebreitete Vorkommen einer dem Nervenmark analogen Substanz in den tierischen Geweben, *Virchows Arch. Pathol. Anat. 6*, 562–572.

WAEHNELDT, T.V., MATTHIEU, J.M., JESERICH, G. (1986) Appearance of myelin proteins during vertebrate evolution, *Neurochem. Int. 9*, 463–474.

WILLARD, H.F., RIORDAN, J.R. (1985) Assignment of the gene for myelin proteolipid protein to the X chromosome: implications for X-linked myelin disorders, *Science 230*, 940–942.

WOLFGRAM, F. (1966) A new proteolipid fraction of the nervous system. I. Isolation and amino acid analyses, *J. Neurochem. 13*, 461–470.

YAKOLEV, P.I., LECOURS, A.-R. (1967) in: Regional development of the brain in early Life, ed. MINKOWSKI, A. (Blackwell Scientific Pub., Oxford), pp. 3–70.

YANAGISAWA, K., DUNCAN, I.D., HAMMANG, J.P., QUARLES, R.H. (1986) Myelin-deficient rat: analysis of myelin proteins, *J. Neurochem. 47*, 1901–1907.

Veröffentlichungen
der Rheinisch-Westfälischen Akademie der Wissenschaften

Neuerscheinungen 1984 bis 1990

Vorträge N Heft Nr.		NATUR-, INGENIEUR- UND WIRTSCHAFTSWISSENSCHAFTEN
330	Volker Ullrich, Konstanz	Entgiftung von Fremdstoffen im Organismus
331	Alexander Naumann †, Aachen Holger Schmid-Schönbein, Aachen	Fluiddynamische, zellphysiologische und biochemische Aspekte der Atherogenese unter Strömungseinflüssen
332	Klaus Langer, Berlin	Die Farbe von Mineralen und ihre Aussagefähigkeit für die Kristallchemie
	Tasso Springer, Aachen/Jülich	Diffusionsuntersuchungen mit Hilfe der Neutronenspektroskopie
333	Wolfgang Priester, Bonn	Urknall und Evolution des Kosmos – Fortschritte in der Kosmologie
334	Raoul Dudal, Rom	Land Resources for the World's Food Production
	Siegfried Batzel, Herten	Der Weltkohlenhandel
335	Andreas Sievers, Bonn	Sinneswahrnehmung bei Pflanzen: Graviperzeption
336	Alain Bensoussan, Paris	Stochastic Control
	Werner Hildenbrand, Bonn	Über den empirischen Gehalt der neoklassischen ökonomischen Theorie
337	Jürgen Overbeck, Plön	Stoffwechselkopplung zwischen Phytoplankton und heterotrophen Gewässerbakterien
	Heinz Bernhardt, Siegburg	Ökologische und technische Aspekte der Phosphoreliminierung in Süßgewässern
338	Helmut Wolf, Bonn	Fortschritte der Geodäsie: Satelliten- und terrestrische Methoden mit ihren Möglichkeiten
	Friedel Hoßfeld, Jülich	Parallelrechner – die Architektur für neue Problemdimensionen
339	Claus Müller, Aachen	Symmetrie und Ornament (Eine Analyse mathematischer Strukturen der darstellenden Kunst)
		Jahresfeier am 9. Mai 1984
340	Karl Gertis, Essen	Energieeinsparung und Solarenergienutzung im Hochbau – Erreichtes und Erreichbares
	Paul A. Mäcke, Aachen	Die Bedeutung der Verkehrsplanung in der Stadtplanung – heute
341	Werner Müller-Warmuth, Münster	Einlagerungsverbindungen: Struktur und Dynamik von Gastmolekülen
	Friedrich Seifert, Kiel	Struktur und Eigenschaften magmatischer Schmelzen
342	Heinz Losse, Münster	Die Behandlung chronisch Nierenkranker mit Hämodialyse und Nierentransplantation
	Ekkehard Grundmann, Münster	Stufen der Carcinogenese
343	Otto Kandler, München	Archaebakterien und Phylogenie
	Achim Trebst, Bochum	Die Topologie der integralen Proteinkomplexe des photosynthetischen Elektronentransportsystems in der Membran
344	Marianne Baudler, Köln	Aktuelle Entwicklungstendenzen in der Phosphorchemie
	Ludwig von Bogdandy, Duisburg	Kontrolle von umweltsensitiven Schadstoffen bei der Verarbeitung von Steinkohle
345	Stefan Hildebrandt, Bonn	Variationsrechnung heute
346	3. Akademie-Forum	Umweltbelastung und Gesellschaft – Luft – Boden – Technik
	Hermann Flohn	Belastung der Atmosphäre – Treibhauseffekt – Klimawandel?
	Dieter H. Ehhalt	Chemische Umwandlungen in der Atmosphäre
	Fritz Führ u. a.	Belastung des Bodens durch lufteingetragene Schadstoffe und das Schicksal organischer Verbindungen im Boden
	Wolfgang Kluxen	Ökologische Moral in einer technischen Kultur
	Franz Josef Dreyhaupt	Tendenzen der Emissionsentwicklung aus stationären Quellen der Luftverunreinigung
	Franz Pischinger	Straßenverkehr und Luftreinhaltung – Stand und Möglichkeiten der Technik
347	Hubert Ziegler, München	Pflanzenphysiologische Aspekte der Waldschäden
	Paul J. Crutzen, Mainz	Globale Aspekte der atmosphärischen Chemie: Natürliche und anthropogene Einflüsse
348	Horst Albach, Bonn	Empirische Theorie der Unternehmensentwicklung
349	Günter Spur, Berlin	Fortgeschrittene Produktionssysteme im Wandel der Arbeitswelt
	Friedrich Eichhorn, Aachen	Industrieroboter in der Schweißtechnik

350	*Heinrich Holzner, Wien*	Hormonelle Einflüsse bei gynäkologischen Tumoren
351	*4. Akademie-Forum*	Die Sicherheit technischer Systeme
	Rolf Staufenbiel, Aachen	Die Sicherheit im Luftverkehr
	Ernst Fiala, Wolfsburg	Verkehrssicherheit – Stand und Möglichkeiten
	Niklas Luhmann, Bielefeld	Sicherheit und Risiko aus der Sicht der Sozialwissenschaften
	Otto Pöggeler, Bochum	Die Ethik vor der Zukunftsperspektive
	Axel Lippert, Leverkusen	Sicherheitsfragen in der Chemieindustrie
	Rudolf Schulten, Aachen	Die Sicherheit von nuklearen Systemen
	Reimer Schmidt, Aachen	Juristische und versicherungstechnische Aspekte
352	*Sven Effert, Aachen*	Neue Wege der Therapie des akuten Herzinfarktes
		Jahresfeier am 7. Mai 1986
353	*Alarich Weiss, Darmstadt*	Struktur und physikalische Eigenschaften metallorganischer Verbindungen
	Helmut Wenzl, Jülich	Kristallzuchtforschung
354	*Hans Helmut Kornhuber, Ulm*	Gehirn und geistige Leistung: Plastizität, Übung, Motivation
	Hubert Markl, Konstanz	Soziale Systeme als kognitive Systeme
355	*Max Georg Huber, Bonn*	Quarks – der Stoff aus dem Atomkerne aufgebaut sind?
	Fritz G. Parak, Münster	Dynamische Vorgänge in Proteinen
356	*Walter Eversheim, Aachen*	Neue Technologien – Konsequenzen für Wirtschaft, Gesellschaft und Bildungssystem –
357	*Bruno S. Frey, Zürich*	Politische und soziale Einflüsse auf das Wirtschaftsleben
	Heinz König, Mannheim	Ursachen der Arbeitslosigkeit: zu hohe Reallöhne oder Nachfragemangel?
358	*Klaus Hahlbrock, Köln*	Programmierter Zelltod bei der Abwehr von Pflanzen gegen Krankheitserreger
359	*Wolfgang Kundt, Bonn*	Kosmische Überschallstrahlen
	Theo Mayer-Kuckuk, Bonn	Das Kühler-Synchrotron COSY und seine physikalischen Perspektiven
360	*Frederick H. Epstein, Zürich*	Gesundheitliche Risikofaktoren in der modernen Welt
	Günther O. Schenck, Mülheim/Ruhr	Zur Beteiligung photochemischer Prozesse an den photodynamischen Lichtkrankheiten der Pflanzen und Bäume ('Waldsterben')
361	*Siegfried Batzel, Herten*	Die Nutzung von Kohlelagerstätten, die sich den bekannten bergmännischen Gewinnungsverfahren verschließen
		Jahresfeier am 11. Mai 1988
362	*Erich Sackmann, München*	Biomembranen: Physikalische Prinzipien der Selbstorganisation und Funktion als integrierte Systeme zur Signalerkennung, -verstärkung und -übertragung auf molekularer Ebene
	Kurt Schaffner, Mülheim/Ruhr	Zur Photophysik und Photochemie von Phytochrom, einem photomorphogenetischen Regler in grünen Pflanzen
363	*Klaus Knizia, Dortmund*	Energieversorgung im Spannungsfeld zwischen Utopie und Realität
	Gerd H. Wolf, Jülich	Fusionsforschung in der Europäischen Gemeinschaft
364	*Hans Ludwig Jessberger, Bochum*	Geotechnische Aufgaben der Deponietechnik und der Altlastensanierung
	Egon Krause, Aachen	Numerische Strömungssimulation
365	*Dieter Stöffler, Münster*	Geologie der terrestrischen Planeten und Monde
	Hans Volker Klapdor, Heidelberg	Der Beta-Zerfall der Atomkerne und das Alter des Universums
366	*Horst Uwe Keller, Katlenburg-Lindau*	Das neue Bild des Planeten Halley – Ergebnisse der Raummissionen
	Ulf von Zahn, Bonn	Wetter in der oberen Atmosphäre (50 bis 120 km Höhe)
367	*Jozef S. Schell, Köln*	Fundamentales Wissen über Struktur und Funktion von Pflanzengenen eröffnet neue Möglichkeiten in der Pflanzenzüchtung
368	*Frank H. Hahn, Cambridge*	Aspects of Monetary Theory
370	*Friedrich Hirzebruch, Bonn*	Codierungstheorie und ihre Beziehung zu Geometrie und Zahlentheorie
	Don Zagier, Bonn	Primzahlen: Theorie und Anwendung
371	*Hartwig Höcker, Aachen*	Architektur von Makromonekülen
372	*János Szentágothai, Budapest*	Modulare Organisation nervöser Zentralorgane, vor allem der Hirnrinde
373	*Rolf Staufenbiel, Aachen*	Transportsysteme der Raumfahrt
	Peter R. Sahm, Aachen	Werkstoffwissenschaften unter Schwerelosigkeit
374	*Karl-Heinz Büchel, Leverkusen*	Die Bedeutung der Produktinnovation in der Chemie am Beispiel der Azol-Antimykotika und -Fungizide
375	*Frank Natterer, Münster*	Mathematische Methoden der Computer-Tomographie
	Rolf W. Günther, Aachen	Das Spiegelbild der Morphe und der Funktion in der Medizin
376	*Wilhelm Stoffel, Köln*	Essentielle makromolekulare Strukturen für die Funktion der Myelinmembran des Zentralnervensystems
377	*Hans Schadewaldt, Düsseldorf*	Betrachtungen zur Medizin in der bildenden Kunst

ABHANDLUNGEN

Band Nr.

57	*Harm P. Westermann u. a., Bielefeld*	Einstufige Juristenausbildung. Kolloquium über die Entwicklung und Erprobung des Modells im Land Nordrhein-Westfalen
58	*Herbert Hesmer, Bonn*	Leben und Werk von Dietrich Brandis (1824–1907) – Begründer der tropischen Forstwirtschaft. Förderer der forstlichen Entwicklung in den USA. Botaniker und Ökologe
59	*Michael Weiers, Bonn*	Schriftliche Quellen in Moġolī, 2. Teil: Bearbeitung der Texte
60	*Reiner Haussherr, Bonn*	Rembrandts Jacobssegen Überlegungen zur Deutung des Gemäldes in der Kasseler Galerie
61	*Heinrich Lausberg, Münster*	Der Hymnus ›Ave maris stella‹
62	*Michael Weiers, Bonn*	Schriftliche Quellen in Moġolī, 3. Teil: Poesie der Mogholen
63	*Werner H. Hauss, Münster* *Robert W. Wissler, Chicago,* *Rolf Lehmann, Münster*	International Symposium 'State of Prevention and Therapy in Human Arteriosclerosis and in Animal Models'
64	*Heinrich Lausberg, Münster*	Der Hymnus ›Veni Creator Spiritus‹
65	*Nikolaus Himmelmann, Bonn*	Über Hirten-Genre in der antiken Kunst
66	*Elmar Edel, Bonn*	Die Felsgräbernekropole der Qubbet el Hawa bei Assuan. Paläographie der althieratischen Gefäßaufschriften aus den Grabungsjahren 1960 bis 1973
67	*Elmar Edel, Bonn*	Hieroglyphische Inschriften des Alten Reiches
68	*Wolfgang Ehrhardt, Athen*	Das Akademische Kunstmuseum der Universität Bonn unter der Direktion von Friedrich Gottlieb Welcker und Otto Jahn
69	*Walther Heissig, Bonn*	Geser-Studien. Untersuchungen zu den Erzählstoffen in den „neuen" Kapiteln des mongolischen Geser-Zyklus
70	*Werner H. Hauss, Münster* *Robert W. Wissler, Chicago*	Second Münster International Arteriosclerosis Symposium: Clinical Implications of Recent Research Results in Arteriosclerosis
71	*Elmar Edel, Bonn*	Die Inschriften der Grabfronten der Siut-Gräber in Mittelägypten aus der Herakleopolitenzeit
72	*(Sammelband)*	Studien zur Ethnogenese
	Wilhelm E. Mühlmann	Ethnogonie und Ethnogonese
	Walter Heissig	Ethnische Gruppenbildung in Zentralasien im Licht mündlicher und schriftlicher Überlieferung
	Karl J. Narr	Kulturelle Vereinheitlichung und sprachliche Zersplitterung: Ein Beispiel aus dem Südwesten der Vereinigten Staaten
	Harald von Petrikovits	Fragen der Ethnogenese aus der Sicht der römischen Archäologie
	Jürgen Untermann	Ursprache und historische Realität. Der Beitrag der Indogermanistik zu Fragen der Ethnogenese
	Ernst Risch	Die Ausbildung des Griechischen im 2. Jahrtausend v. Chr.
	Werner Conze	Ethnogenese und Nationsbildung – Ostmitteleuropa als Beispiel
73	*Nikolaus Himmelmann, Bonn*	Ideale Nacktheit
74	*Alf Önnerfors, Köln*	Willem Jordaens, Conflictus virtutum et viciorum. Mit Einleitung und Kommentar
75	*Herbert Lepper, Aachen*	Die Einheit der Wissenschaften: Der gescheiterte Versuch der Gründung einer „Rheinisch-Westfälischen Akademie der Wissenschaften" in den Jahren 1907 bis 1910
76	*Werner H. Hauss, Münster* *Robert W. Wissler, Chicago* *Jörg Grünwald, Münster*	Fourth Münster International Arteriosclerosis Symposium: Recent Advances in Arteriosclerosis Research
78	*(Sammelband)*	Studien zur Ethnogenese, Band 2
	Rüdiger Schott	Die Ethnogenese von Völkern in Afrika
	Siegfried Herrmann	Israels Frühgeschichte im Spannungsfeld neuer Hypothesen
	Jaroslav Šašel	Der Ostalpenbereich zwischen 550 und 650 n. Chr.
	András Róna-Tas	Ethnogenese und Staatsgründung. Die türkische Komponente bei der Ethnogenese des Ungartums
	Register zu den Bänden 1 (Abh 72) und 2 (Abh 78)	
79	*Hans-Joachim Klimkeit, Bonn*	Hymnen und Gebete der Religion des Lichts. Iranische und türkische Texte der Manichäer Zentralasiens
82	*Werner H. Hauss, Münster* *Robert W. Wissler, Chicago* *H.-J. Bauch, Münster*	Fifth Münster International Arteriosclerosis Symposium: Modern Aspects oft the Pathogenesis of Arteriosclerosis

Sonderreihe PAPYROLOGICA COLONIENSIA

Vol. I
Aloys Kehl, Köln — Der Psalmenkommentar von Tura, Quaternio IX

Vol. II
Erich Lüddeckens, Würzburg,
P. Angelicus Kropp O. P., Klausen,
Alfred Hermann und Manfred Weber, Köln — Demotische und Koptische Texte

Vol. III
Stephanie West, Oxford — The Ptolemaic Papyri of Homer

Vol. IV
Ursula Hagedorn und Dieter Hagedorn, Köln,
Louise C. Youtie und Herbert C. Youtie, Ann Arbor — Das Archiv des Petaus (P. Petaus)

Vol. V
Angelo Geißen, Köln
Wolfram Weiser, Köln — Katalog Alexandrinischer Kaisermünzen der Sammlung des Instituts für Altertumskunde der Universität zu Köln
Band 1: Augustus-Trajan (Nr. 1–740)
Band 2: Hadrian-Antoninus Pius (Nr. 741–1994)
Band 3: Marc Aurel-Gallienus (Nr. 1995–3014)
Band 4: Claudius Gothicus–Domitius Domitianus, Gau-Prägungen, Anonyme Prägungen, Nachträge, Imitationen, Bleimünzen (Nr. 3015–3627)
Band 5: Indices zu den Bänden 1 bis 4

Vol. VI
J. David Thomas, Durham — The epistrategos in Ptolemaic and Roman Egypt
Part 1: The Ptolemaic epistrategos
Part 2: The Roman epistrategos

Vol. VII — Kölner Papyri (P. Köln)
Bärbel Kramer und Robert Hübner (Bearb.), Köln — Band 1
Bärbel Kramer und Dieter Hagedorn (Bearb.), Köln — Band 2
Bärbel Kramer, Michael Erler, Dieter Hagedorn und Robert Hübner (Bearb.), Köln — Band 3
Bärbel Kramer, Cornelia Römer und Dieter Hagedorn (Bearb.), Köln — Band 4
Michael Gronewald, Klaus Maresch und Wolfgang Schäfer (Bearb.), Köln — Band 5
Michael Gronewald, Bärbel Kramer, Klaus Maresch, Maryline Parca und Cornelia Römer (Bearb.) — Band 6

Vol. VIII
Sayed Omar (Bearb.), Kairo — Das Archiv des Soterichos (P. Soterichos)

Vol. IX — Kölner ägyptische Papyri (P. Köln ägypt.)
Dieter Kurth, Heinz-Josef Thissen und Manfred Weber (Bearb.), Köln — Band 1

Vol. X
Jeffrey S. Rusten, Cambridge, Mass. — Dionysius Scytobrachion

Vol. XI
Wolfram Weiser, Köln — Katalog der Bithynischen Münzen der Sammlung des Instituts für Altertumskunde der Universität zu Köln
Band 1: Nikaia. Mit einer Untersuchung der Prägesysteme und Gegenstempel

Vol. XII
Colette Sirat, Paris u. a. — La *Ketouba* de Cologne. Un contrat de mariage juif à Antinoopolis

Vol. XIII
Peter Frisch, Köln — Zehn agonistische Papyri

Vol. XIV
Ludwig Koenen, Ann Arbor
Cornelia Römer (Bearb.), Köln — Der Kölner Mani-Kodex.
Über das Werden seines Leibes. Kritische Edition mit Übersetzung.

MIX
Papier aus verantwortungsvollen Quellen
Paper from responsible sources
FSC® C105338

If you have any concerns about our products,
you can contact us on
ProductSafety@springernature.com

In case Publisher is established outside the EU,
the EU authorized representative is:
**Springer Nature Customer Service Center GmbH
Europaplatz 3, 69115 Heidelberg, Germany**

Printed by Libri Plureos GmbH
in Hamburg, Germany